CODING

# Scratch 3.0
# 少儿编程 从入门 到精通 进阶版

戴凤智　温浩康　郝宏博　编著

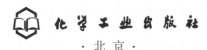

化学工业出版社

·北京·

# 内容简介

本书基于 Scratch 3.0 图形化编程工具，用通俗易懂的语言介绍 Scratch 3.0 编程方法，并通过具体的游戏开发设计实例，带领读者边学边玩，培养逻辑思维能力和表达能力，激发想象力与创造力。

本书共分为 8 章。第 1~5 章介绍 Scratch 3.0 及其编程工具、运行方式和编程技巧。第 6~8 章讲解利用 Scratch 3.0 开发三个大型经典游戏——"海底追晶""迷宫探险"和"一飞冲天"，在实践中帮助读者精通 Scratch 3.0 编程。

本书适合青少年自学或在家长与老师的指导下学习，也可以作为青少年编程教学的专业辅导教材。

**图书在版编目（CIP）数据**

Scratch 3.0 少儿编程从入门到精通 ： 进阶版 ／ 戴凤智，温浩康，郝宏博编著 . -- 北京 ： 化学工业出版社，2024. 8. -- ISBN 978-7-122-45806-3

Ⅰ. TP311.1-49

中国国家版本馆 CIP 数据核字第 2024JD5423 号

责任编辑：于成成　宋　辉　　　　　装帧设计：王晓宇
责任校对：赵懿桐

出版发行：化学工业出版社
　　　　（北京市东城区青年湖南街 13 号　邮政编码 100011）
印　　装：天津市银博印刷集团有限公司
787mm×1092mm　1/16　印张 9½　字数 135 千字
2024 年 10 月北京第 1 版第 1 次印刷

购书咨询：010-64518888　　　　售后服务：010-64518899
网　　址：http://www.cip.com.cn

党的二十大报告指出要"实施科教兴国战略，强化现代化建设人才支撑"，"开辟发展新领域新赛道，不断塑造发展新动能新优势"。为了深入学习贯彻党的二十大精神，按照"培养造就大批德才兼备的高素质人才，是国家和民族长远发展大计"的要求，我们感到编写新教材是必需的，也是紧迫的。

本书的主要作者在 2020 年出版了《Scratch 3.0 少儿编程从入门到精通》一书，它以 Scratch 入门为主要目标并兼顾了一定程度的提高技能。本书是站在青少年的视角讲解在 Scratch 中如何思考、如何设计以及如何编程的，相比上一本难度有所提升，适合（但不局限于）有一定 Scratch 编程基础的少年儿童。书中最后 3 章介绍了 3 个大型游戏的开发过程，由简单到复杂，把很多编程的知识融合在介绍编写游戏的字里行间，让孩子能够感受到编程世界逻辑推理的魅力，给孩子搭建一个充分发挥想象力、创造作品的平台。

在游戏中寻找兴趣，逐步培养青少年的逻辑思维能力和表达能力，进而激发想象力与创造力，这是我们编写本

书的初心。因此本书在内容上尽量做到难度适中，书中会设置一些问题并给出适当提示，特别是在完成每个大型游戏的编程之后还分别提出改进意见和一些指导。

在培养青少年编程思维的过程中，不可或缺的是家长和老师的陪伴与指引。本书内容通俗易懂，没有编程基础的家长也能轻松参与进来并对孩子进行辅导。同时，在孩子们遇到困难时，也请家长和老师及时地给予鼓励。要让孩子知道在学习的过程中遇到一些困难和问题是正常的，尝试找到解决问题的方法后就会获得更大的快乐和获得感。

本书共分为 8 章。第 1～5 章分别精简地介绍 Scratch 3.0 语言、Scratch 3.0 编程工具、Scratch 3.0 运行方式和一些编程技巧。这样安排是希望能够尽快使读者学会 Scratch 3.0 的基本操作并可以在后面的学习中逐渐加深理解。第 6～8 章分别详细讲解利用 Scratch 3.0 开发 3 个大型经典游戏，分别为"海底追晶""迷宫探险"和"一飞冲天"，以此达到精通 Scratch 3.0 编程的目标。

在本书编写中，戴凤智、李宝全、孔研自负责编写第 1 章、第 2 章及全书的整理，郝宏博、刘岩、牛弘负责编写第 3～5 章，温浩康、白瑞峰、戴朗颐负责编写第 6～8 章。

本书是在中国自动化学会普及工作委员会、中国仿真学会机器人系统仿真专业委员会和天津市机器人学会的指导下完成的。天津大学 2022—2023 年新工科新形态教学资源建设项目（玩转科技劳动实践）组成员、北京优游宝贝教育咨询有限公司李慕、动力猫教育咨询有限公司王伟、匠人芯（天津）智能科技有限责任公司王秋娟等也对本书提供了技术和实践上的支持。

书中主要程序在出版社平台（www.cip.com.cn/Service/Download）搜索本书书名即可下载。

由于编者水平有限，在编写过程中难免存在不足之处，恳请广大读者指正。如对本书有任何意见和建议，请通过电子邮件 daifz@163.com 联系我们，在此表示感谢。

编著者

# 目录

第 1 章

# 再谈少儿学 Scratch 编程

2020 年我们出版的《Scratch 3.0 少儿编程从入门到精通》一书，是一本以入门为目标并兼顾了一定程度提高的面向青少年的 Scratch 编程教材，书中讨论了少儿学编程的意义。本书在那本图书的基础上难度有所提升，也结合了较新的信息和知识，为了保持完整性，我们再谈一下对少儿学编程的一些感想。

当今时代，计算机教育已经家喻户晓，互联网、智能手机、多功能机器人、无人机已走进人们的日常生活。无人超市、无人售货机、无人驾驶、云计算、大数据、5G、人工智能、人机交互，以及在 2022 年 11 月发布的 ChatGPT 等早已不只是一个概念，而是逐渐融入我们的生活和学习。放眼世界，各国都在积极地推动新一代技术发展。

我国在 2017 年 7 月颁布了《新一代人工智能发展规划》，明确在有条件的地方和学校推广编程教育。同时，国家还印发了《全民科学素质行动规划纲要（2021—2035 年)》和《"十四五"国家科学技术普及发展规划》。

在这一新形势下，很多父母乐于让孩子了解并学习计算机编程。学习编程不仅能提高孩子的智力，还能愉悦身心，更重要的是能让少年儿童更进一步地接触当下的高科技，将来发展成为祖国的高科技人才。

## 1.1　STEAM 教育与编程

如今 5G、大数据、机器人、元宇宙、人工智能等方面的新闻随处可见。众所周知，阿尔法狗（人工智能围棋程序）早已战胜了人类，无人送货机、无人驾驶汽车、无人超市、智能机器人已经逐步渗透到人们的日常生活。而大数据和人工智能技术驱动的自然语言处理工具 GPT-4 正席卷全球。对于这一切我们透过现象看本质，其实都离不开计算机编程。

### 1.1.1　STEAM 教育理念

STEAM 是由 5 个英文单词的首字母组成。S 是英文单词 Science 的首字母，这个单词的词义是科学，后面的 4 个字母 T、E、A、M 分别是英文单词 Technology（技术）、Engineering（工程）、Arts（艺术）和 Mathematics（数学）的首字母。可别小看这五个单词，以它们为核心进行的青少年基础教育是现代社会培养人才的普遍认识。是它们推动了教育理念的发展和社会技术的进步，让人们享受当今便利的生活。

那么 STEAM 和编程有什么关系呢？其实编程是 STEAM 的一个环节，特别有助于开发孩子的智力。STEAM 通常会引用一个情景案例，第一步提出问题，第二步分析问题，第三步构建模型，第四步解决问题。通过这样一个流程，让孩子们多动脑筋，多思考，学会与同伴交流合作，最终提出最优方案。

## 1.1.2　编程语言的选择

计算机编程可以使用 C 语言、C++、Java、Python、C#、PHP 等。面对这么多的语言，我们应该选择哪一种来学习和使用呢？其实语言没有好坏之分，在特定场合与需求下每种语言都有用武之地。

本书我们采用的是一种图形化的编程语言，即 Scratch 语言。该语言适合初学者学习，它是非常容易理解并且容易上手的。学习和使用 Scratch 编程时只需要使用鼠标拖动图片和进行简单的文字输入就可以完成。本书为此设计了几个闯关的编程游戏，当孩子们看到闯关成功后，会更大程度激发学习编程的乐趣。因此 Scratch 语言是非常适合少儿学习编程的语言，我们赶快学起来吧！

# 1.2　Scratch 少儿编程

大约在 2015、2016 年，国内开始有了"少儿编程"概念，并逐渐向少儿编程教育迈开了步伐。少儿编程，顾名思义就是针对 6～16 岁学生的编程教育启蒙。Scratch 编程是少儿编程教育中的优先学习课程，是根据 6 岁及 6 岁以上孩子的认知水平和他们对界面的偏好，在进行了相当深入的研究后有针对性地设计与开发出来的。它不仅适于儿童学习，而且寓教于乐，让孩子在创作中获得乐趣。在很多少儿编程教育机构和学校，Scratch 都是少儿学习编程的首选语言。

具体来说，Scratch 编程对孩子的成长具有如下意义。

❶ Scratch 学习不需要编程基础，比较适合初学编程语言的中小学生，没有任何编程基础或编程基础较差的学生也能很好地学习。

❷ Scratch 中具有丰富的少儿编程内容和多元化的形式，而且为对绘画感兴趣的学生提供了汉字绘图和设计的功能。这可以提升并持续维护孩子的学习兴趣。

❸ Scratch 十分有利于培养孩子逻辑思维能力，在相关动画和游戏设计的过程中孩子能够逐渐发展逻辑分析、独立思考和创新思维能力，学会提出和解决问题。

❹ Scratch 少儿编程能够使学习进度透明化，学习效果看得见，能够更系统地获得成就感。

总之，Scratch 少儿编程是目前非常有效的一种学习方式。少儿编程不是一定要通过"培训"才可以学习，父母更应该在孩子合适的年龄段与他们一起学习 Scratch 编程并给予适当的指导，而不是让孩子去自学或被动地接受"培训"。

## 1.3 少儿编程是通往人工智能、大数据时代的阶梯

人工智能和大数据技术已经成为时代的最前沿科技，而学会编程是掌握和运用人工智能、大数据等前沿技术的基础。

人工智能（英文为 Artificial Intelligence，缩写为 AI）是研究、开发用于模拟、延伸和扩展人的智能的理论、方法、技术及应用系统的一门新的技术科学。它试图了解智能的实质并生产出一种新的能以与人类智能相似方式做出反应的智能机器。该领域的研究包括机器人、自然语言处理、语音识别、图像识别等。人工智能从诞生以来，它的理论和技术日益成熟，应用领域也不断在扩大。

大数据（Big Data）是指无法在一定时间范围内用常规软件工具进行捕捉、管理和处理的数据集合，是需要通过新的处理模式才能辅助实现更强的决策力、洞察发现力和流程优化能力的海量、高增长率和多样化的信息资产。在维克托·迈尔·舍恩伯格及肯尼斯·库克耶编写的《大数据时代》中，大数据是指不使用随机分析法（抽样调查）而是采用所有数据本身进行分析处理的技术。IBM 公司将大数据特点归纳为 5V，即 Volume（大量）、Velocity（高速）、Variety（多样）、Value（价值）、Veracity（真实性）。

那么少儿编程与人工智能和大数据之间具有什么关系呢？简单来说，我们现在的技术和能力可以做到只要有足够的数据作为输入，就可以让计算机部分地学会以往只有人类才能理解的知识，然后再将这些概念或知识应用到之前从来没有看见过的新数据上。而目前为止，这一过程还是需要通过一定的编程来让计算机进行处理的。

因此，如果希望熟练有效地把握人工智能和大数据技术并加以实际应用，就需要编程技能，而编程技能的学习越早越好。只有掌握了编程知识和编程技能，才能把握住人工智能时代的发展脉搏，才能更有效地运用大数据。

## 1.4 Scratch 少儿编程的方向

《新一代人工智能发展规划》作为人工智能在教育领域发展的重要指导文件，明确指出要在中小学阶段设置人工智能相关课程，推广少儿编程教育。

我国的少儿编程教育主要有两种模式。一是 Scratch 纯软件编程的学习，由简单到复杂、由低级到高级不断地进阶，最终能够达到利用编程实现游戏开发和简单项目的仿真。另一种是与硬件结合的编程教学，使用机器人套件或者电子元件，让孩子们在编程之后直接控制硬件设备。本书以软件编程为主，后续也在规划新的图书并引入硬件控制内容。

人工智能和大数据时代已经来临，很多低技术成本工作可能将要被互联网、机器人、人工智能取而代之。为了能够顺利搭建通往人工智能和大数据时代的阶梯，接下来让我们通过这本书开启编程之旅吧！

第 2 章

# Scratch 3.0 开发环境

{CODING KIDS}

## 2.1　Scratch 3.0 简介

　　本章详细介绍 Scratch 3.0 软件的安装方法和各种界面信息，如果您已经安装了 Scratch 3.0 版本的软件并了解它的基本操作，可以越过本章而直接阅读后面的章节。

　　我们可以在台式计算机、笔记本电脑、平板电脑上安装和运行 Scratch 3.0。Scratch 3.0 支持多种操作系统，比如 Windows、Ubuntu、Mac 等，不同的硬件设备和操作系统，安装程序可能会不同，读者需要找到对应的安装程序。安装 Scratch 3.0 非常简单，与大多数的软件类似，基本上按照默认方式逐个点击"确认"或者"是"即可。Scratch 3.0 安装完成后，在电脑桌面上会出现一个图标，双击这个图标运行软件就可以开始编写程序了。

## 2.2　Scratch 的操作界面

### 2.2.1　程序窗口

　　Scratch 3.0 的程序窗口主要由菜单栏、指令区、代码区、舞台区、角色区等组成，如图 2-1 所示。各部分的主要功能如下。

　　● 菜单栏：位于界面的左上方，包含一些功能菜单，如设置软件的语言、保存作品、命名作品、教程等。

　　● 指令区：位于界面的左侧，包括代码、造型、声音三类指令。选择"代码"标签时可编写代码。选择"造型"标签可以修改角色外观。选择"声音"标签可以增加游戏的音效。

　　● 代码区：位于界面的中间位置，将指令区中的不同指令块拖拽到代码区，就可以为游戏中的每个角色编写代码。

　　● 舞台区：位于界面右上方，是角色进行活动的背景和场所。

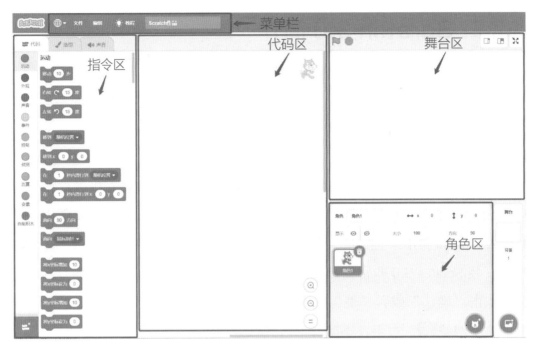

图 2-1　Scratch 3.0 的程序窗口

● 角色区：位于界面的右下方，可用来选择不同的角色并分别调整角色的大小、位置、方向等。

## 2.2.2　主要操作

（1）菜单栏

如图 2-2 所示是 Scratch 3.0 的菜单栏部分。

图 2-2　菜单栏

● 点击 ⊕▾ 图标可以选择程序的语言。

● 点击"文件"后在弹出窗口中出现三个选项，分别是选择新建一个作品、打开电脑中的 Scratch 作品，以及保存作品到电脑中。

● 点击"编辑"会弹出两个选项。第一个是"恢复"选项，它的功能是恢复已经删除的角色（如果还没有删除任何角色时，这个选项是灰色的、不可选的状态）。若因误操作而删除了某个角色时，"恢复"就会变为有效的"复原删除的角色"，点击后就能复原刚才被误删除的角色。第二个是"打开加速模式"选项，点击此选项后会大幅加快程序运行的速度，此时会发现角色是瞬间移动的，这是因为加速模式的本质是减少屏幕的刷新次数。这个功能只有在某些特定场景才会使用。

● 点击"教程"选项会弹出 Scratch 3.0 的五类教程，有动画、艺术、音乐、游戏和故事类教程可以学习，如图 2-3 所示。

图 2-3　Scratch 3.0 的五类教程

（2）指令区

指令区的界面如图 2-4 所示。在最上方有三个标签可以选择，分别为"代码""造型""声音"。接下来分别介绍这三个标签中的内容。

**1 代码**

如图 2-4 所示，点击"代码"标签能看到在下方和左侧展示了九种指令块（也可称为积木，本书在不同的地方将根据需要分别使用"指令块"和"积木"这两种名字，它们的意义相同），分别为运动、外观、声音、事件、控制、侦测、运算、变量、自制积木。不同的指令块有不同的功能，它们被分别用不同的颜色标记（这样方便区分和使用它们）。

指令块是 Scratch 3.0 编程的基本元素，通过它们就可以编写各种程序来实现游戏以及角色的动作。九种指令块又分为四种类型，代表四种不同的功能，分别是命令类、触发类、控制类和功能类。

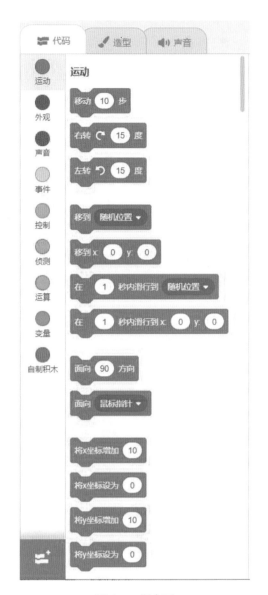

图 2-4　指令区

a. 命令类：如图 2-5 所示，此类型的指令块上方有一个凹陷的口，下方有一个凸起，可以和其他指令块贴合在一起组成更大的指令块（将更多的指令块组合在一起意味着可以实现更复杂的功能）。

图 2-5　命令类指令块

b. 触发类：如图 2-6 所示，上方有一个类似山坡的弧形凸起，下方也有一个小凸起。这种指令块在程序开始时处于等待状态，它需要等待其他事件来触发。一旦有其他事件的触发，则开始运行下面的指令块。

图 2-6　触发类指令块

c. 控制类：如图 2-7 所示，控制类和命令类的指令块有相似之处，它们的上方都有一个凹陷的口，下方有一个凸起，因此都可以和其他指令块贴合在一起组成更大的积木块。但控制类指令块与命令类不同的是，在控制类指令块内部还可以容纳其他的指令块。

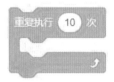

图 2-7　控制类指令块

d. 功能类：如图 2-8 所示，功能类指令块没有凹陷口和凸起，它们只能作为其他类型指令块的输入参数。

图 2-8　功能类指令块

观察上述指令块，不难发现有些是需要输入参数的。输入参数的方式有以下三种。

第一种：直接点击输入框并输入数字即可。如图 2-9 所示，表示"移动 10 步"。

图 2-9　"移动 10 步"指令块

第二种：如图 2-10 所示，点击下拉菜单"▼"，在下拉列表中选择希望的对象即可。图 2-10 显示的是"移到随机位置"。当作品中的角色数量增多时，下拉列表中的对象也会相应增加。

图 2-10　"移到随机位置"指令块

第三种：如图 2-11 所示，表示将当前的游戏角色面向 90 度方向。当然可以直接点击输入框并修改这个数字，也可以拖动图 2-11 中弹出的方向盘来调整角度。

图 2-11　"面向某方向"指令块

此外，如图 2-4 所示在"代码"左侧最下方有一个蓝色的"添加扩展"图标 ⇄。目前 Scratch 3.0 提供了 11 种扩展功能，分别为视频检测、文字朗读、多语言翻译等，以及支持 Micro: bit、LEGO EV3、LEGO WeDo 2.0 等。在这里我们可以尽情发挥自己的聪明才智，大展身手去尝试去挑战，实现各种想法。

❷ 造型

点击图 2-4 中的"造型"标签，点击后界面如图 2-12 所示。图中的各个数字分别表示的功能介绍如下。

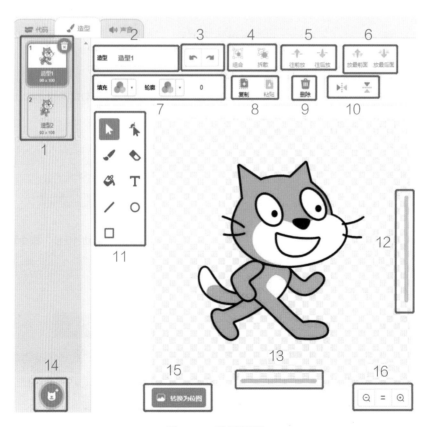

图 2-12　造型界面

1——可以选择同一个角色的不同造型。例如分别编辑造型 1 或者造型 2，也可以删除某个造型。

2——显示该造型的名称，也可以在这里修改角色造型的名称。

3—— UnDo（ ）和 ReDo（ ）操作。当出现了错误编辑后可以点击 Undo 图标来撤销刚才的错误操作，而点击 ReDo 图标意味着再执行一次之前已经被撤回的操作。

4——组合和拆散操作。可以将多个形状或图案组合成一个角色的造型，或者将一个已经组合好的造型给拆开。

5——当角色的造型中有多种组合时，可以移动层次。利用这个操作可以将造型中的某部分向前或向后移动放置（每次只能移动一层）。

6——与功能 5 类似，但是是将该部分直接移到最前面一层或者最后一层。

7——设置填充色、轮廓的颜色和线条的粗细。

8——复制、粘贴的功能。

9——删除功能。

10——左右翻转，上下翻转。

11——这是工具箱，可以调整角色中的造型，包括：填充颜色，变形，使用画笔、橡皮擦，添加文字，画线段、圆形、矩形等。

12——上下移动角色造型的显示内容。

13——左右移动角色造型的显示内容。

14——上传造型图案，或是在角色库里选择其他造型，当然也可以自己绘制造型图。

15——将造型图转换成不同的图像类型，可以选择位图或矢量图。

16——放大或缩小显示角色的造型，中间的"▬"按钮是显示造型的全局。

**❸ 声音**

点击图 2-4 中的"声音"标签，弹出的界面如图 2-13 所示。图中各数字代表的功能介绍如下。

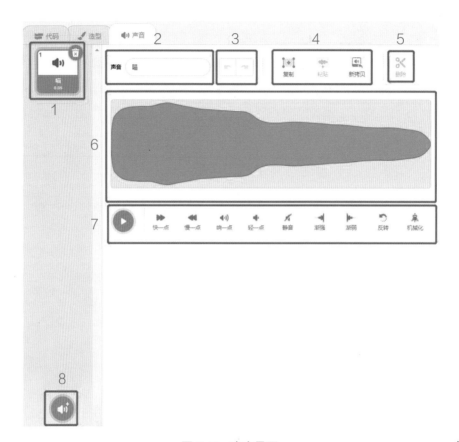

图 2-13　声音界面

1——选择需要编辑的声音，也可以删除这个声音。

2——显示该声音的名字，也可以重新命名。

3——完成 UnDo 和 ReDo 功能，在出现错误的编辑后可撤销回退。

4——复制、粘贴声音内容。点击"新拷贝"后，会在左侧声音列表中新建一个声音。

5——删除声音。

6——显示声音的强度变化。可用鼠标选中任意片段，然后对其进行局部的编辑。

7——剪辑声音片段，可以增加效果，如改变声音的快慢、强弱等。

8——点击🔊图标可提供四种方式添加声音，分别为从本地电脑上传一个音频文件、随机从 Scratch 音频库中选择一种声音、自己录制声音、在 Scratch 音频库中选择一种声音。

（3）代码区

我们在上一小节中认识了多种类型的指令块，接下来我们在代码区编写一小段代码。代码的实现是依托于代码区平台的，这需要将指令块拖放到代码区。操作的方式就是用鼠标选中指令块，在点击鼠标左键不放开的情况下将指令块从指令区拖拽到代码区，然后松开鼠标左键。

如果想删除某个指令块，需要用鼠标点中该指令块，将指令块从代码区拖拽回指令区。也可以在代码区用鼠标右键点击指令块，在弹出的界面中选择"删除"即可，如图 2-14所示。

如图 2-15 所示是编写一段代码的例子，大家可以尝试从指令区寻找这些指令块并拖拽到代码区。目前我们还没有学习找到并编辑这些指令块，在此先尝试即可，如果无法完成也没有关系。

图 2-14　删除指令块

图 2-15　代码例子

在完成了图 2-15 的全部程序之后就可以运行它了。运行代码有两种方式：

❶ 点击图 2-16 所示舞台区的绿旗就可以运行代码了。当代码在运行时如果想要停止，则点击旁边的红色圆圈图标即可。

图 2-16　运行代码

❷ 单击此段代码也可以运行它。在代码运行的时候，整个代码段（也可以称为脚本）的轮廓会高亮显示。

编写代码是实现整个游戏编程的重要环节。我们要努力写出"优雅的代码"，让代码体现出逻辑清晰、简单直观的特点。同时要养成一个良好的习惯，就是当遇到调试不通或者没有达到自己预期结果的时候，要静下心来思考和总结，在大脑中理顺程序，不断地调试和修改代码，这样就可以逐渐积累经验，最终编写出满意的程序。

（4）舞台区

舞台区的界面如图 2-17 所示，图中的数字代表的功能介绍如下。

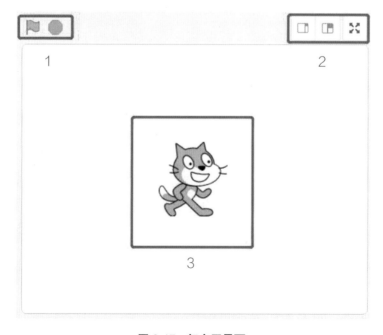

图 2-17　舞台区界面

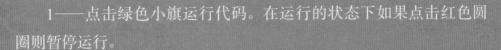

　　1——点击绿色小旗运行代码。在运行的状态下如果点击红色圆圈则暂停运行。

　　2——调整舞台区的显示界面大小。点击最左侧的图标则最小化显示舞台区，点击中间的图标则适中地显示舞台区，点击右侧的图标则全屏显示舞台区。

　　3——运行代码后，创作的作品会在该区域中显示出来。

　　另外，我们还可以设置舞台的背景，给背景设置图片和声音。现在让我们把目光投向 Scratch 3.0 界面的右下方，如图 2-18 所示。

**图 2-18　舞台的设置**

　　点击图 2-18 右下方的最下面的图标 （如图 2-19 所示），就会弹出如图 2-20 所示的 Scratch 3.0 背景库。背景库中的图片分为奇幻、音乐、运动、户外、室内、太空、水下、图案八个类别。在这里只要用鼠标单击喜欢的图案就可以将其作为背景了。

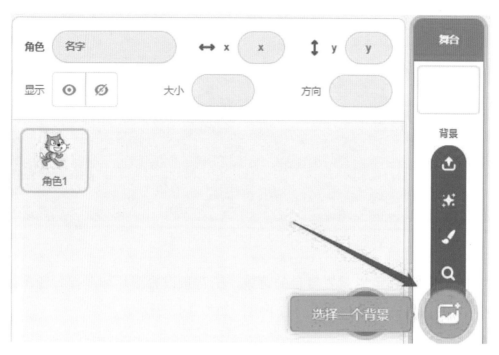

图 2-19　点击选择一个背景图案

图 2-20　背景库

Scratch 3.0 提供了充分的平台和资源来创作有趣的作品。当然，如果在背景库里没有喜欢的图片，还可以从本地电脑上传图片，甚至是自己绘制背景图片。这是通过点击图 2-21 所示图标来实现的。

如果希望给游戏营造一个欢快或是紧张的氛围，当然少不了背景音乐的烘托。Scratch 3.0 也提供了为背景添加音乐的功能。只需用鼠标点击右下角的"舞台"区域并使该区域高亮显示，然后点击指令区的"声音"标签，就可以给背景添加音效了，步骤如图 2-22 所示。给背景添加声音的操作方法与本章前面介绍的"指令区"——"声音"一致。

图 2-21　上传背景图片

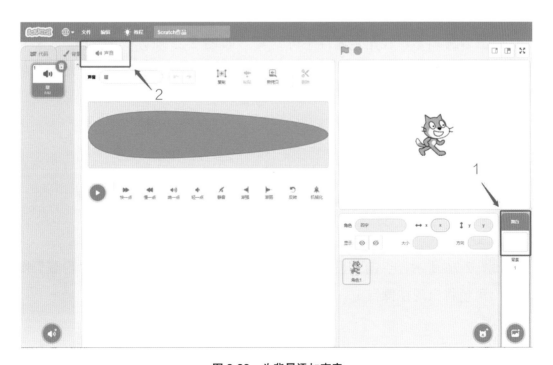

图 2-22　为背景添加声音

（5）角色区

角色区如图 2-23 所示，主要分为两部分。上半部分是角色属性，下半部分是角色列表。

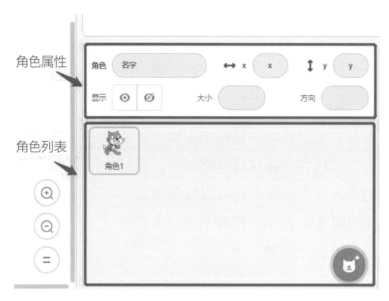

图 2-23　角色区

如图 2-24 所示，在角色属性中可以直接为角色命名。

如图 2-25 所示，通过输入 x 和 y 的坐标值可以调整角色在舞台上的位置。

图 2-24　设置或修改角色的名字

图 2-25　修改角色的位置

如图 2-26 所示，点击"显示"图标 ⊙ ，角色将出现在舞台上。

如图 2-27 所示，点击"隐藏"图标 ⊘ ，角色将隐藏。

显示 ⊙ ⊘

图 2-26　显示角色

显示 ⊙

图 2-27　隐藏角色

如图 2-28 所示，在输入框中输入数值，可以调整角色的大小和方向。

图 2-28　调整角色大小和方向

在角色列表中的空白区域展示的是作品中目前所有的角色，如图 2-29 所示。在实际编程中，当鼠标点击某个角色使其高亮显示时，就可以对该角色编写代码或者设置角色的属性。图 2-29 表示目前正在对名字为"角色 1"的小猫角色进行编辑。

图 2-29　编辑某个角色

如图 2-29 所示，在角色区的右下角有一个猫咪图标 ，点击该图标就会弹出如图 2-30 所示的窗口。我们可以给作品添加角色，单击某个角色图案即可把该角色添加至角色列表。将鼠标的光标停留在某个角色上就可以看到该角色的动态效果。

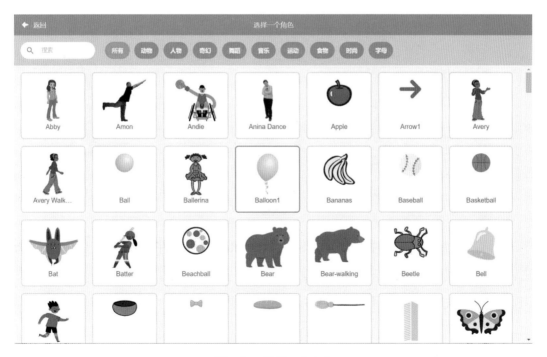

图 2-30　选择一个角色

如果角色库里没有喜欢的角色，也可以从本地上传角色，如图 2-31 所示。

也可以随机在 Scratch 3.0 的角色库中新增一个角色，如图 2-32 所示。

图 2-31　上传角色

图 2-32　随机新增一个角色

甚至可以自己绘制新的角色，如图 2-33 所示。

还可以如图 2-34 所示，点击图标 🔍 与 🐱，两者的效果是一样的，都是在角色库中选择一个角色。

图 2-33　绘制角色

图 2-34　选择一个角色

恭喜你！到这里，我们已经熟悉了 Scratch 3.0 软件大部分重要的操作方法。但是，若想掌握所有的内容就需要自己去动手操作，实践是掌握一项知识和技能的关键，所以不要忘记多动手，多操作学习。

第 3 章

# Scratch 3.0 程序
# 运行的三种方式

{CODING KIDS}

从本章开始我们将正式学习编程。请先思考一下，一个程序若能成功运行，要经过哪些步骤呢？

我们是不是可以这样去做：

❶ 首先要对每个游戏做任务分析，❷ 根据任务绘制流程图，❸ 根据流程图编写程序，❹ 最后调试程序并完善作品。

只有这四个环节都成功完成，我们开发的游戏才能完美实现。那么什么是流程图呢？流程图就是使用图形来表示游戏的进程。这是一种极好的方法，因为千言万语不如一张图表示得明确，本章在介绍编程时就使用了很多流程图。

Scratch 作为一种程序设计语言，具有计算机语言的一切结构特征。了解程序的结构特点，对于我们使用 Scratch 进行程序设计是有一定帮助的。一般来说，任何复杂的程序都是由顺序、循环、判断（选择）这三种基本的结构组成的，而这三种结构可以分别由顺序执行语句、循环执行语句和判断执行语句来处理。它们既可以单独使用，也可以相互结合组成较为复杂的程序结构。我们希望实现的各种各样的程序，都可以通过这三种方式加以组合来完成。

# 3.1　顺序执行方式

顺序结构在编程中是最简单的，就是按照解决问题的前后顺序一步一步地写出相应的语句。它的执行顺序是自上而下依次执行。

在生活中，顺序结构是无处不在的。比如上课这个事情，首先在课前要先擦黑板，在开始上课的时候由值日生喊出"起立"的口令，然后同学们向老师问好，老师回礼并招呼大家坐下，最后进入正式的课堂教学。当一节课结束的时候还需要执行下课的程序。试想一下，如果上面的顺序被打乱了，还能是一节正常的课吗？

### 3.1.1　顺序执行的例子

下面列举一个顺序执行的例子：在 Scratch 3.0 中让小猫这个角色画出一

个正方形。那么小猫需要做哪些动作呢？

　　小猫画正方形可以有好几种方式，图 3-1 给出了小猫运动的其中一种解决方案：向右走 150 步、向右（顺时针）旋转 90 度、向下走 150 步、向右旋转 90 度、向左走 150 步、向右旋转 90 度、向上走 150 步、向右旋转 90 度（回到了原来的位置）。图中的箭头表示小猫运动的先后顺序。

　　图 3-1 就是流程图。从流程图可以清晰看到小猫执行的每一步指令以及先后顺序。下面就是根据这个流程图来编写程序了，先给大家一个提示。

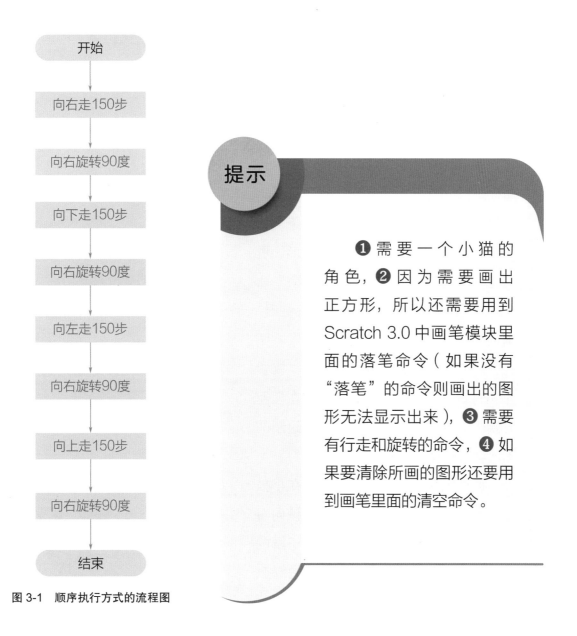

**提示**

❶需要一个小猫的角色，❷因为需要画出正方形，所以还需要用到 Scratch 3.0 中画笔模块里面的落笔命令（如果没有"落笔"的命令则画出的图形无法显示出来），❸需要有行走和旋转的命令，❹如果要清除所画的图形还要用到画笔里面的清空命令。

**图 3-1　顺序执行方式的流程图**

下面给出具体的操作步骤。

❶ 首先新建角色，打开角色库，选择小猫。

❷ 当程序被执行时先让小猫向右（Scratch 3.0 中的默认方向）画第一笔，所以需要选择动作模块下的"移动步数"模块并输入数字 150，程序如图 3-2 所示。

当执行这一程序时我们发现小猫确实是移动了，但是并没有画出一条线。为了能看到小猫画出的线，我们必须选择画笔模块中的"落笔"命令，而且应该把落笔命令放到"移动步数"命令的前面，即先落笔再移动，这样在小猫移动的过程中就可以用画笔画出线条了。

有时候为了清除原来画的图形，可以选择画笔模块中的"全部擦除"命令。如图 3-3 所示，当按下空格键时，画面中原先绘制的图形将被擦除。图3-3 这段程序和图 3-2 的程序都要放置在 Scratch 3.0 的代码区中，这样在任何时候按下空格键时，画面上之前绘制的图形就会被擦除（相当于"清屏"）。

根据图 3-1 所示的流程图，在小猫向右方前行 150 步之后接下来应该向右旋转 90 度并再前进 150 步。这一段的程序如图 3-4 所示，当点击图中的绿旗后执行效果如图 3-5。

图 3-2　小猫前进 150 步

图 3-3　使用"全部擦除"命令

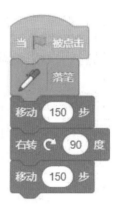

图 3-4　小猫运动的一部分程序

图 3-5　程序执行的效果

图 3-6　增加了"等待"命令

在执行程序时，我们发现由于小猫的动作速度太快而无法看清画正方形的过程。此时可以加入控制模块下的"等待 1 秒"命令，如图 3-6 所示。

最终的程序和执行效果分别如图 3-7 和图 3-8 所示。

图 3-7　全部的程序

图 3-8　执行效果

如图 3-9 的第二行所示，我们还可以用"移到 xy 位置"的命令来设置小猫在程序开始时的初始位置，也可以选择动作模块中的"面向 90 度方向"指令（程序的第三行，程序中省略了"度"。）来控制小猫的初始朝向。现在请尝试将"面向 90 度方向"改为"面向 180 度方向"或其他角度，看一下程序运行的效果，会发现小猫在前行时的朝向出现了问题。

请注意，"面向 90 度方向"和"右转 90 度"不是同一个概念。面向某个方向是指角色一直朝向某个方向，而左转或右转某个角度是指角色在运行过程中完成了角度的改变（可以修改图 3-9 中的一些参数来观察运行效果）。

图 3-9　修改后的程序

## 3.1.2　顺序执行的拓展

上面的例子是让小猫画出了一个正方形，那么如何让它画出一个长方形呢？

流程图如图 3-10 所示。

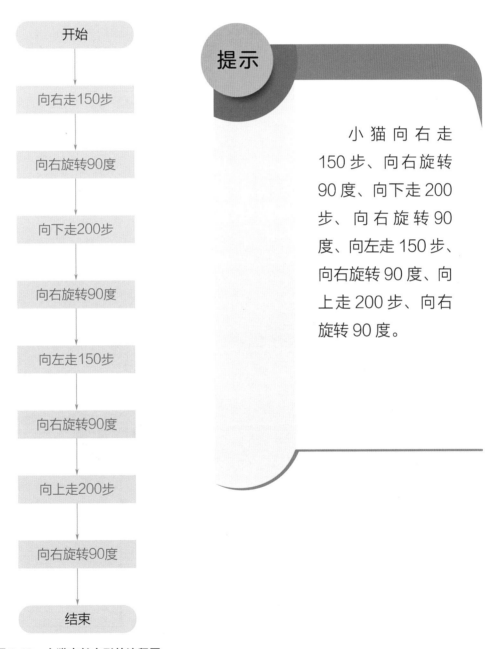

**提示**

小猫向右走150 步、向右旋转 90 度、向下走 200步、向右旋转 90度、向左走 150 步、向右旋转 90 度、向上走 200 步、向右旋转 90 度。

**图 3-10　小猫走长方形的流程图**

图 3-11　小猫画长方形的程序

小猫画出长方形的程序代码如图 3-11 所示。请注意，完整的程序是分为两部分的，一部分是小猫画长方形的过程，另一部分是按下空格键擦除屏幕的指令。这两个程序要分别放在 Scratch 3.0 的代码区内。执行结果如图 3-12 所示。

图 3-12　程序执行结果

下面我们再来做一个游戏编程题。

## 场景

班上的英语老师要教大家一个英语单词：Happy。在 Scratch 3.0 中单击绿旗执行程序后，老师开始讲课，依次说出 H，A，P，P，Y，HAPPY！

程序如图 3-13 所示，请参考图 3-13 完成编程并观察运行效果。

综上所述，按照命令从上而下逐条执行的结构叫做顺序结构。顺序执行是计算机程序中最基本、最简洁的方式。如果任意调换两个命令的顺序，那么运行的结果和要实现的目标可能就会不一样。

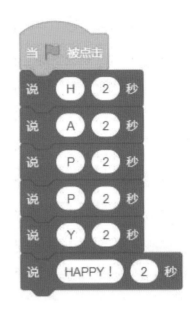

图 3-13　游戏程序

## 3.2 循环执行方式

上一节我们学习了程序运行的第一种结构，即顺序结构。通过学习和练习，我们发现自己已经能编写简单的程序了，也能看懂别人的小程序了。本节我们来学习另一种结构，即循环结构。

那么什么是循环呢？我们先看一个例子吧：在上学的路上我们发现交通信号灯是红灯与绿灯交替闪动的。红灯停、绿灯行，然后又是红灯停、绿灯行。这就是循环。简单来说，循环就是重复地执行程序。

### 3.2.1 循环执行的例子

循环结构也是一种程序运行的顺序，是指在"重复执行指令块（积木）"的内部，按照由上至下、再返回到最上面并且继续由上至下的顺序运行多次。这种运行顺序被称为"程序的循环结构"。

有一些程序需要不断重复相同的内容，比如在不断切换造型来实现动画效果时，就需要不断重复地切换不同的造型，这就是循环结构。Scratch 3.0 中提供了三种循环积木，分别是永久循环（无限循环）积木、按次循环积木、按条件循环积木。

还记得前一节中小猫画正方形的程序吗？我们发现小猫一共重复了四次移动和向右旋转 90 度的动作。所以图 3-1 所示的流程图可以利用循环结构改写成图 3-14，从而大大简化程序。

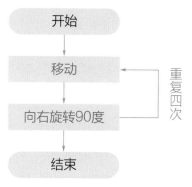

图 3-14　利用循环结构改写程序

这次我们把角色小猫换成小鸭子。具体的操作步骤如图 3-15 所示。

❶ 首先新建一个小鸭子的角色，点击确定后删掉原来的小猫角色。

❷ 接着点击事件模块中的"当绿旗被点击"指令块。为了画出一个正方形，别忘了还是要选择画笔模块中的"落笔"命令。

❸ 接下来确定小鸭子的初始位置和面向的方向，选择动作模块中的"面向 90 度方向"，"移动到 x：–150 y：80"，这个坐标就是小鸭子的当前位置。

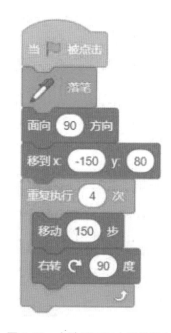

图 3-15　小鸭子画正方形的程序

❹ 为了让小鸭子动起来，需要选择动作模块中的"移动 150 步"和"右转 90 度"。因为移动 150 步和向右旋转 90 度都需要重复执行 4 次，所以要把它们放在"重复执行"的积木之内，并把重复执行设定为 4 次。

执行结果如图 3-16 所示。

图 3-16　执行结果

虽然最终画出了正方形，但小鸭子是瞬间画出图形的。为了看清楚小鸭子画正方形的过程，不要忘记添加控制面板中的"等待"命令，选择"等待 1 秒"，并把它分别放在"移动 150 步"和"右转 90 度"的后面。修改后的完整程序如图 3-17 所示。

图 3-17　修改后的程序

然后我们再给游戏添加一个清空的功能。如图 3-18 所示，当按下空格键后将擦除原先绘制的图形。请注意，图 3-18 所示的程序与图 3-17 所示的程序要分别放在 Scratch 3.0 的代码区内。

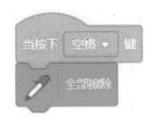

图 3-18　添加"全部擦除"功能

完成了以上的步骤后，我们可以再看一下执行的效果，会发现有了很大改观（别忘了在程序执行时，先按下空格键来擦除原来的图形）。

同样是画了一个正方形，循环结构与前一节的顺序结构相比，哪一个更简洁呢？对比两种结构的代码我们可以发现：它们都能完成想要的效果，但是简单的顺序结构并不简洁，需要很多条指令才能实现，它的优点就是比较好理解。而理解起来相对复杂一点的循环结构却非常简洁。所以循环结构可以简化程序，使程序更加简洁、易读。

我们来总结一下，像这样重复执行某些命令的程序结构就叫做循环结构。那么请猜测一下，如果将程序改为图 3-19 所示，会产生什么样的效果呢？

与图 3-17 相比，图 3-19 只是将循环指令"重复执行 4 次"换成了另一个循环指令块"重复执行"。当我们点击绿旗执行程序时会发现小鸭子一直在重复画正方形。

图 3-17 所示有循环次数限制的循环结构叫做有限循环。反之，图 3-19 所示的程序将永久执行下去，这种循环结构叫做无限循环。

图 3-19　修改后的程序

## 3.2.2　循环执行的拓展

请参考上面的例子，利用循环结构绘制五边形、六边形、八边形。

别忘了在初学编程的时候最好先画出流程图，之后再编写程序。绘制五边形的流程图和程序分别如图3-20和图3-21所示，执行结果如图3-22所示。

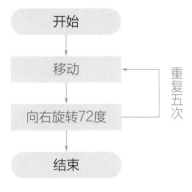

图 3-20　绘制五边形的流程图

图 3-21　绘制五边形的程序

图 3-22　绘制五边形的结果

绘制六边形的流程图和程序分别如图 3-23 和图 3-24 所示，执行结果如图 3-25。

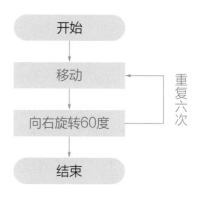

图 3-23　绘制六边形的流程图

图 3-24　绘制六边形的程序

图 3-25　绘制六边形的结果

绘制八边形的流程图和程序分别如图 3-26 和图 3-27 所示，执行结果如图 3-28。

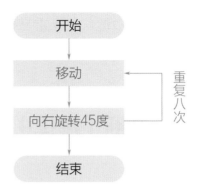

图 3-26  绘制八边形的流程图

图 3-27  绘制八边形的程序

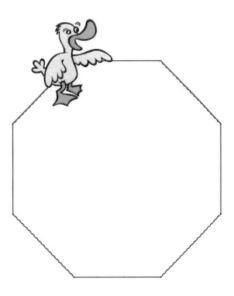

图 3-28  绘制八边形的结果

对比绘制五边形、六边形、八边形的流程图，我们发现了下面的规律：

❶ 要画几边形，就要重复执行几次。

❷ 每次旋转的角度是 360 度除以边数的商。

## 3.3 判断（选择）执行方式

接下来我们一起学习程序的第三种结构，即选择结构（也叫分支结构），在计算机中又被称作判断执行方式。它是指在程序的处理过程中出现了分支，需要根据某一特定的条件选择其中的某一个分支去执行。这种结构可以使得程序更具交互性。

要理解判断执行，我们先一起看一些选择结构在生活中的应用。

❶ 父母经常和我们说："如果语文和数学都能考 100 分（这是条件判断），今年暑假就带我们去旅游（这是满足条件时的选择）"。

❷ 明天会下雨吗（这是条件判断）？如果下雨的话我们就在家里读书（这是满足条件时的选择），如果不下雨我们就一起去公园打篮球（这是不满足条件时的选择）。

条件是指对不同的情况进行判断，经过判断后如果条件满足就如何做；如果条件不满足又要如何做。Scratch 3.0 的条件判断积木如图 3-29。

图 3-29　Scratch 3.0 的条件判断语句

## 3.3.1 判断（选择）执行的例子

下面我们一起完成一个小作品：使用条件判断语句进行角色上下左右的移动控制。程序如图 3-30 所示，请完成程序的输入并查看执行结果。

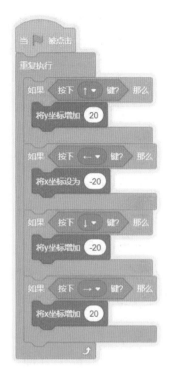

图 3-30 条件判断语句的例子

下面我们一起再来编写一个小猴子找好朋友的故事。

**情景**

小猴子跟随鼠标移动。如果小猴子找到了朋友，小猴子会说："你好，我是小猴子，你是小狐狸吗？我非常想和你做朋友！"

**思考**

❶ 这个故事里面有几个角色？ ❷ 它们分别有什么行为？

我们还是根据故事情景的设定先写出流程图吧，如图 3-31 所示。

由以上的流程图我们可以看到，小猴子在跟着鼠标移动，还要不停地判断是否遇见了小狐狸。这时会有两种情况，如果碰到了，小猴子会说："你好，我是小猴子，你是小狐狸吗？我非常想和你做朋友！"如果没有碰到，小猴子会继续跟着鼠标移动。

根据正确的流程图去编写程序就很容易啦！可以先自己尝试一下，要相信自己一定可以做到。下面是我们提供的程序说明。

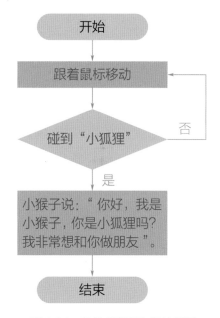

图 3-31　条件判断语句的流程图

❶ 首先新建小猴子角色和小狐狸角色。在角色库中分别选择出小猴子和小狐狸，并删除作品中其他不需要的角色。

❷ 我们再给这个作品添加一个合适的背景。选中舞台，选择背景面板，在库中选择一个合适的背景，点击确定，可以把空白的背景删除。当然，也可以先完成这一步，然后再做上面的第 ❶ 步。

❸ 最后把小猴子和小狐狸放到合适的位置。其效果如图 3-32 所示。

图 3-32　设置游戏场景

为了后面的程序编写方便，我们可以给这两个小动物分别命名。分别选择它们的属性面板，选择 Monkey 命名为"小猴子"，再把 Fox 命名为"小狐狸"。命名完成后效果如图 3-33 所示。

图 3-33　为角色命名

根据流程图可以看到小狐狸没有任何动作行为，因此我们可以不为它编写任何命令。小猴子是有动作行为的，所以我们要为小猴子编辑命令。

如图 3-34 所示，首先选择事件模块中的"当绿旗被点击"，然后添加一个"重复执行"的命令，并将运动模块下的"移到鼠标指针"这个命令（可以实现小猴子跟随鼠标移动的效果）放在"重复执行"里面。点击绿旗看一下效果，会发现小猴子能够始终跟随着鼠标在运动（如果去掉"重复执行"这个指令块，请再看一下效果）。

图 3-34　为小猴子角色添加程序

为了让小猴子在整个游戏运动过程中的效果更加真实，我们添加运动模块下的"面向鼠标指针"命令，让小猴子始终面向鼠标指针的方向，如图 3-35 所示。

图 3-35　修改后的程序

为了让小猴子有一个向前移动的效果，如图 3-36 所示，我们继续添加控制模块下的"等待 1 秒"积木，这样就实现了小猴子跟随鼠标移动的效果。

接下来根据流程图进行判断：如果小猴子碰到小狐狸，小猴子会说："你好，我是小猴子，你是小狐狸吗？我非常想和你做朋友！"如果没有碰到小狐狸，小猴子会继续跟着鼠标移动。

图 3-36　添加"等待 1 秒"

如图 3-37 所示，此时我们就要选择控制面板下的"如果……那么……"命令。在"如果"后面要输入一个条件用来判断，它其实是在侦测模块下的"碰到……"指令，碰到的对象我们选择小狐狸。如果满足这个条件，小猴子就会说一段话，因此选择外观模块下的"说"命令。小猴子会说："你好，我是小猴子，你是小狐狸吗？我非常想和你做朋友！"执行效果如图 3-38 所示（当小猴子遇到了小狐狸）。

图 3-37　修改后的程序

你好，我是小猴子，你是小狐狸吗？我非常想和你做朋友。

图 3-38　执行结果

接下来我们一起再挑战一个例子。小猴子在找朋友的整个过程中一直跟随鼠标移动。如果小猴子还没找到小狐狸，小猴子会说："我是小猴子，我在找朋友"。如果小猴子碰到小狐狸，小猴子会说："你好，我是小猴子，你是小狐狸吗？我非常想和你做朋友"。

## 思考

❶ 这个故事里面有几个角色？　❷ 它们分别有什么行为？

## 答案

❶ 这个故事里面有两个角色，分别是小猴子、小狐狸。❷ 小猴子有三个行为，第一个行为是跟随鼠标移动，第二个行为是如果碰到小狐狸，小猴子会说："你好，我是小猴子，你是小狐狸吗？我非常想和你做朋友。"第三个行为是如果小猴子还没找到小狐狸，小猴子会说："我是小猴子，我在找朋友。"小狐狸没有任何行为。

接下来我们为小猴子编写指令。与前面的程序一样，首先画出流程图，如图 3-39 所示。

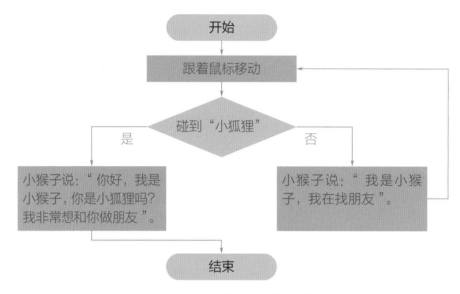

图 3-39　带有选择结构的流程图

流程图的思路是相当清晰的，请尝试根据流程图编写程序。下面是具体的操作，我们可以在之前编写的命令基础上加以修改。如图 3-40 所示，选择控制面板中的"如果……那么……否则……"的命令来实现。

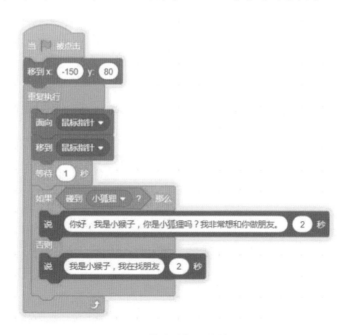

图 3-40　带有选择结构的程序

在执行程序时会发现小猴子的移动非常缓慢，这是什么原因呢？请观察图 3-40 所示程序的最后一行，小猴子在没有碰到小狐狸的时候会说"我是小猴子，我在找朋友"，这个说话的过程会持续 2 秒钟。在这 2 秒钟的时间内鼠标即使在移动，小猴子也是不会移动的。所以我们应该修改一下程序，完成后如图 3-41 所示。

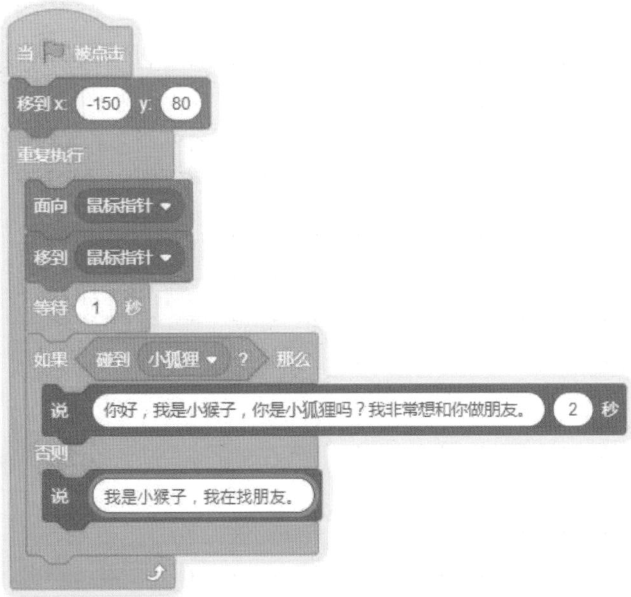

图 3-41　修改后的程序

## 3.3.2　判断（选择）执行的拓展

**情景**

小猴子在找朋友的整个过程当中跟随鼠标移动。

如果小猴子碰到"小狐狸"，小猴子会说："你好，我是小猴子，你是小狐狸吗？我非常想和你做朋友"。

如果小猴子碰到"小鸭子"，小猴子会说："你好，我是小猴子，你是小鸭子吗？我非常想和你做朋友"。

请先分析这个游戏一共有几个角色，它们分别有什么动作行为。

这个游戏一共有三个角色，分别是小猴子、小狐狸、小鸭子。

小猴子的动作行为如下。如果碰到"小狐狸"，小猴子会说："你好，我是小猴子，你是小狐狸吗？我非常想和你做朋友"；如果碰到"小鸭子"，小猴子会说："你好，我是小猴子，你是小鸭子吗？我非常想和你做朋友"。

小狐狸没有动作行为。

小鸭子没有动作行为。

请根据上面给出的思考和答案做出这个游戏的流程图，画好之后与下面的图 3-42 进行对比。

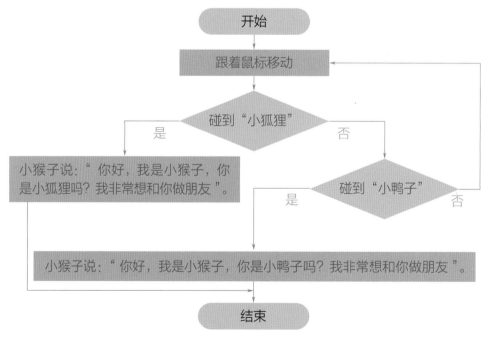

图 3-42 　拓展的流程图

下面我们根据以上流程图来开发这个游戏。步骤如下。

❶ 首先在角色库中选择出小猴子、小狐狸以及小鸭子角色。

❷ 再给这个作品添加一个合适的背景。选中舞台，选择背景面板，在库中选择一个合适的背景，点击确定。

❸ 把小猴子、小狐狸以及小鸭子放到合适的位置。其效果如图 3-43 所示。

图 3-43　拓展实训的角色与背景设置

为了后面的程序编写方便，我们给小动物命名。分别选择它们各自的属性面板，将 Monkey 命名为"小猴子"，再将 Fox 命名为"小狐狸"，最后将 Duck 命名为"小鸭子"，其效果如图 3-44 所示。

图 3-44　各角色的名称

接下来就是最重要的任务啦，我们开始编写这个游戏的程序代码。在前面我们已经完成了几个类似的游戏，因此大家可以先自己动手做起来，然后与图 3-45 所示的程序代码作比较。

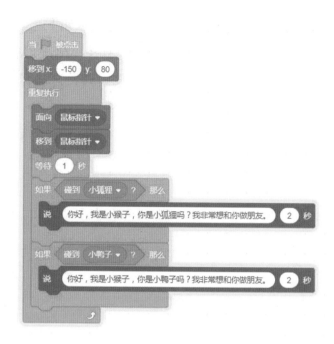

图 3-45　拓展实训中小猴子角色的程序

当小猴子遇到小狐狸时，运行效果如图 3-46 所示。当小猴子遇到小鸭子时的运行效果如图 3-47 所示。

图 3-46　小猴子遇到小狐狸时的效果

图 3-47　小猴子遇到小鸭子时的效果

　　到这里我们的判断（选择）执行方式的介绍也就接近尾声了。大家可能看到在图 3-46 和图 3-47 中小狐狸和小鸭子的位置也有所变化。这是因为我们为小狐狸与小鸭子也分别编写了各自的移动程序，大家可以自己尝试编写一下。同时，在小猴子找朋友的游戏中还可以添加小狗、小熊等不同的角色。如果角色比较多的话，可以适当调整各个角色的大小来适应整个舞台场景。

第 4 章

# Scratch 3.0 中的坐标和角色的移动

在进行本章学习之前，我们先来了解一些关于坐标的知识。对于 Scratch 3.0 软件的初学者而言，理解坐标系统是个必须解决的问题（其实并不复杂）。如果不理解坐标的概念就没有办法使用指令去控制场景中角色的移动。当需要让游戏中的小猫、小狗等角色移动到某个位置时，就需要用坐标值来表示。

在 Scratch 3.0 中 X 表示横坐标，Y 表示纵坐标，场景中某一点的坐标就是（X，Y）。坐标也可以理解为我们站在队列中的位置，X 相当于横排，Y 就相当于竖排。

## 4.1　Scratch 3.0 中的坐标

接下来我们学习 Scratch 3.0 里面的坐标系统。在舞台上选择 Scratch 3.0 库中的"XY-grid 坐标"背景图并点击"确定"作为舞台的背景。这个时候我们可以看到整个舞台的坐标系统如图 4-1 所示。

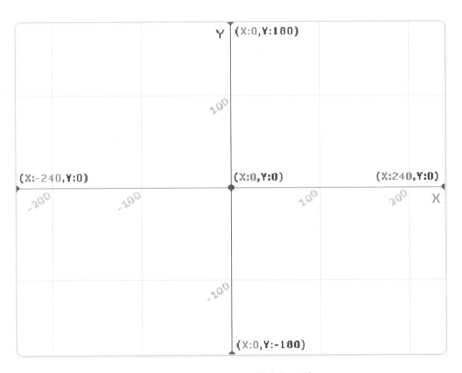

图 4-1　Scratch 3.0 的坐标系统

可以看到舞台的中心是坐标原点（0，0），从中心位置水平方向最左边 X 的值是 –240，X 的最右边是 240；从中心位置竖直方向向上（舞台最上方）Y 的最大值是 180，舞台 Y 的最下边是 –180。这就是我们编写命令时可以设置的坐标范围。

在前面编写游戏过程当中，我们用到了运动模块下的"移到 X、Y"的命令，就是让角色瞬间移动到（X，Y）这个位置。如果是"在 1 秒内滑到 x、y"的命令，就是让角色 1 秒内滑到某个位置，利用这个命令可以看到角色移动的过程。

下面我们来完成一个简单的例题。当点击绿旗启动程序时，希望小蝴蝶角色移动到 x 为 90，y 为 60 的位置。其代码和运动效果分别如图 4-2 和图 4-3 所示。

图 4-2　程序代码

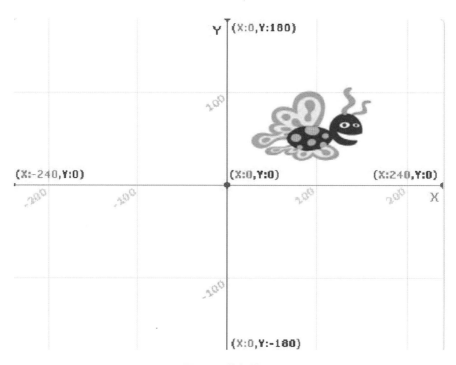

图 4-3　执行结果

现在改变一下程序中小蝴蝶移动的位置数值，例如让小蝴蝶移动到 x 为 –90，y 为 –60 的位置。其代码和运动效果分别如图 4-4 和图 4-5 所示。

图 4-4　程序代码

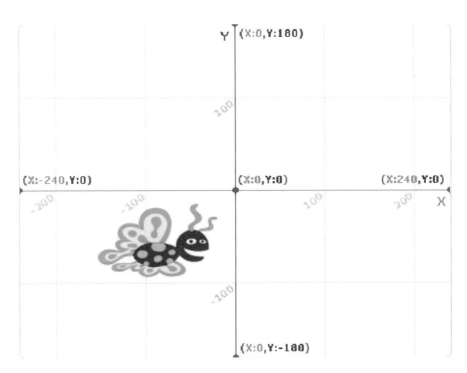

图 4-5　执行结果

当然我们还可以分别设定 x 和 y 的坐标值。比如将 x 设定为 90，y 设定为 60，如图 4-6 所示，运动效果仍然如图 4-3 所示。

图 4-6　分别设置 x 和 y 坐标的数值

有时候我们希望游戏中的角色在现有位置的基础上向前移动一段距离（而不是直接移动到舞台上的某个位置），如果还是用上面提供的坐标设置或移动命令，就需要先计算出移动后的坐标值。

这时可以使用运动模块下的"将 x 的坐标增加"命令。它的含义就是让角色在水平方向上移动多少步。那么"让小蝴蝶向右移动 8 步，并且这个动作重复 15 次"如何处理呢？它的代码和运动效果分别如图 4-7 和图 4-8 所示。

图 4-7　循环执行 15 次

"将 x 坐标增加 8"的程序

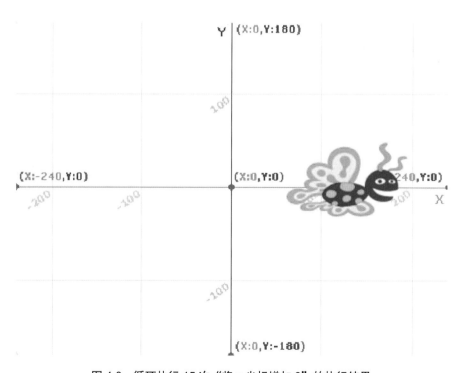

图 4-8　循环执行 15 次"将 x 坐标增加 8"的执行结果

那么如果要让小蝴蝶在水平方向
上向左移动呢？这时把"将x的坐标
增加8"改为"将x的坐标增加−8"
（相当于将现有坐标值减少8）就可以
实现小蝴蝶向左移动。也就是说，如
果希望角色在现有位置基础上向右移
动就将x坐标值增加，若希望角色向
左移动就要减少坐标值。其代码和运
动效果分别如图4-9和图4-10所示。

图4-9　向左移动的程序

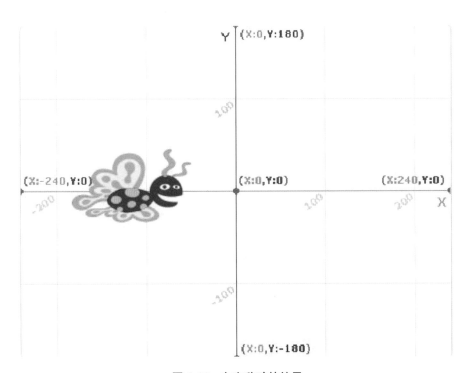

图4-10　向左移动的结果

与此相似，当希望角色向上或向下移动时，就要选择"将y坐标增加"
的指令块。同样，向上移动的时候y坐标增加的数值为正，向下移动的时候
增加的数值为负。

## 4.2　拓展练习

现在请编写一个程序，让角色皮皮从舞台的中心位置（0，0）分别移动到（0，100）、（100，100）、（100，-100）、（-100，-100），最后再回到原点。

分析：如图 4-11 所示，我们可以选择运动模块下的"移到 x 为多少，y 为多少"这个命令，也可以选择运动模块下的"在 1 秒内滑行到 x 为多少，y 为多少"。通常我们选择后者，因为后者能够清晰地看到角色移动的过程。

图 4-11　角色移动的两个指令块

首先新建一个角色皮皮，选择舞台背景为"XY-grid"。其效果如图 4-12所示。

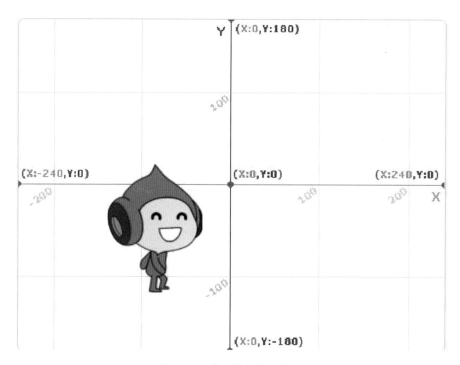

图 4-12　游戏的角色和背景

接下来根据题目的要求，首先让皮皮自动地移动到舞台的中央位置，程序和效果分别如图4-13和图4-14所示。然后再分别移动到（0，100）、（100，100）、（100，–100）、（–100，–100），最后再回到原点。完整的游戏代码和执行结果分别如图4-15和图4-16所示。

**图4-13　将角色置于舞台中心**

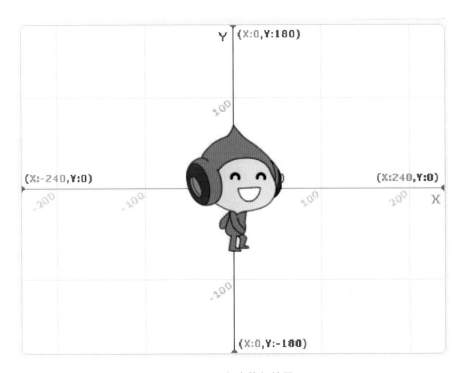

**图4-14　程序执行结果**

图 4-15　完整的程序

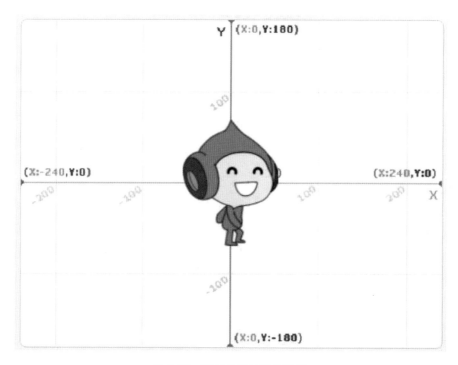

图 4-16　程序执行的最终结果

第 5 章

# 用画笔描绘
# 美丽的花朵

本章将通过制作美丽的花坛来学习 Scratch 3.0 中画笔的命令。我们来一起完成这个游戏：蝴蝶飞舞着提示"请分别按下 S 键和 W 键，就会有美丽的花朵盛开！"当按下 S 键时有一朵花绽放，按下 W 键又有一朵花绽放。

这个游戏有几个角色？它们分别有什么行为？

这个游戏一共有三个角色，分别是蝴蝶、花朵 1、花朵 2。

蝴蝶第一个行为是飞舞，第二个行为是说"请分别按下 S 键和 W 键，就会有美丽的花朵盛开！"

花朵 1 的第一个行为是等待 S 键被按下，第二个行为是花瓣旋转形成一朵花。

花朵 2 设计为两层花瓣，它的第一个行为是等待 W 键被按下，第二个行为是大花瓣旋转形成花朵的外层，第三个行为是小花瓣旋转形成花朵的内层。

## 5.1 蝴蝶的动作

根据以上对游戏的分析可以画出各个角色的流程图。第一步先画出蝴蝶的流程图，如图 5-1 所示。此游戏程序开始后，蝴蝶飞舞，是通过造型的切换来实现的。然后蝴蝶说"请分别按下 S 键和 W 键，就会有美丽的花朵盛开！"蝴蝶的动作是不断重复的。

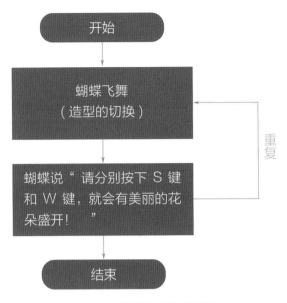

图 5-1　蝴蝶的动作流程图

　　根据流程图，我们可以为蝴蝶编写程序。首先改变舞台的颜色：选中舞台，选择背景模块，在这里可以选择一种颜色，然后用颜色填充工具进行填充。例如图 5-2 选择的是浅蓝色作为舞台背景。

图 5-2　设置的角色和舞台

接下来要添加蝴蝶角色，从库中选择蝴蝶，点击确定。此时我们在造型面板上看到添加好的蝴蝶角色默认有两种造型，蝴蝶在飞舞的时候要使用切换造型的命令来切换这两种造型。这时的游戏设置和蝴蝶的动作程序分别为图5-2和图5-3。当点击绿旗执行程序时，蝴蝶变换了一次造型，表示它飞舞了一次。

图 5-3　蝴蝶的程序

只有让蝴蝶重复切换造型才能实现飞舞的效果，所以要使用"重复执行"命令。为了让蝴蝶飞舞得慢一些，选择控制面板下的"等待0.5秒"。选择外观模块下的"说"命令，并输入蝴蝶要说的内容。

如图5-4所示，将切换到"下一个造型""等待0.5秒"和"说"的命令都放入循环体中，实现的效果如图5-5所示。

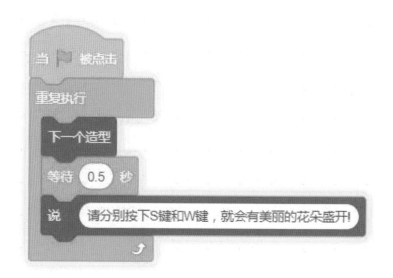

图 5-4　蝴蝶的完整程序

图 5-5　实现的效果

## 5.2　花朵 1 的动作

花朵 1 的动作流程如下。

❶ 程序开始后，在当前位置画出一个花瓣，然后旋转一定的角度。

❷ 再画出一个花瓣，然后再旋转一定的角度。按这样的动作重复 25 次就可以画出一朵花，花朵 1 的流程图如图 5-6 所示。

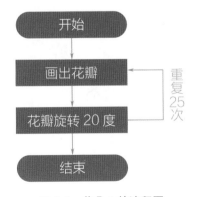

图 5-6　花朵 1 的流程图

根据以上的流程图来完成花朵 1 的动作，步骤如下。程序如图 5-7 所示。

❶ 通过新建角色添加花瓣。首先画一个椭圆花瓣，可以自行选择颜色和形状。

❷ 然后回到代码区写程序。选择事件模块下的"当按下空格键"（空格键是默认）指令块，点击小白色倒三角形，选择字母"S"。

图 5-7　花朵 1 的程序

❸ 选择画笔模块下的图章命令（图章命令可以把角色像印章一样盖在舞台上）。盖了一个印章之后就旋转一下，再盖一个印章后再旋转，依次循环。

❹ 选择运动模块下的"右转 15 度"，这里的度数是可以改变的，15 是默认值，我们把它改为 20。

❺ 最后选择控制面板下的"重复执行 10 次"指令块，这里的次数 10 是默认值，我们修改为 25。

❻ 把图章和右转 20 度的命令放到循环体里面。

点击绿旗后程序开始执行，按下 S 键后的效果如图 5-8 所示。

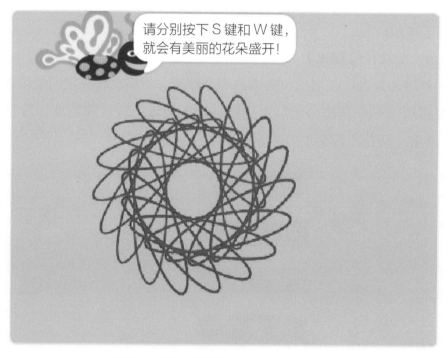

图 5-8　花朵 1 的执行结果（按下 S 键后）

为了看清花瓣盖章、旋转、又盖章的循环过程，如图 5-9 所示需要添加控制面板下的"等待 1 秒"的命令，把默认值 1 改成 0.5，并把它也放到循环体中图章的下面。其代码如图 5-9 所示。

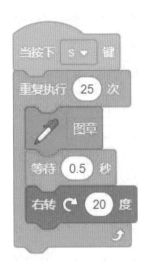

图 5-9　添加等待时间可以看清程序的执行过程

## 5.3　花朵 2 的动作

此游戏程序开始后，花朵 2 外层花瓣的流程图和花朵 1 的流程图一样，在当前位置画出一个花瓣，然后旋转一定的角度；接着再画出一个花瓣，然后再旋转，按这样的动作重复 25 次。画好之后就切换花瓣的造型，变为小一些的内层花瓣，然后还是按照花朵 1 的流程图绘制。这样就绘制出了一朵双层花瓣的花朵，流程图如图 5-10 所示。

根据上面的流程图绘制花朵 2 的外层和内层花瓣。新建一个角色花朵 2，外层花瓣与花朵 1 一样，内层花瓣要小一点。为了区分两层花瓣，花

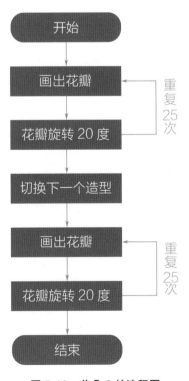

图 5-10　花朵 2 的流程图

朵 2 的外层花瓣和花朵 1 的花瓣称作花瓣 1，花朵 2 的内层花瓣称作花瓣 2。

接下来我们根据流程图编写程序，如图 5-11 所示。步骤如下。

❶ 回到代码区域，选择事件模块下的"当按下空格键"命令（默认为空格键），点击小白色倒三角形，选择字母 W。

❷ 与前面绘制花朵 1 的方法一样，选择画笔模块下的图章命令。

图 5-11　绘制花朵 2 的
外层花瓣的程序

❸ 为了看清花瓣盖章、旋转、又盖章的循环过程，添加控制面板下的"等待 1 秒"的命令，把数值 1 改成 0.5。

❹ 选择运动模块下的"右转 15 度"，把数值 15 改成 20。

❺ 最后选择控制面板下的"重复执行 10 次"，把数值 10 改成 25。并且把图章、等待时间和右转 20 度这三个指令块都放到循环体里面。

点击绿旗执行程序并按下 W 键，效果如图 5-12 所示。

图 5-12　绘制花朵 2 的外层花瓣后的结果

此时画出的是花朵 2 外层的花瓣，所以我们应该选择外观模块的"换成花瓣 1 造型"指令。当按下 W 键时，造型先切换为花瓣 1（花朵 2 的外层花瓣），再进行绘制。完成外层花瓣的绘制后切换到"下一个造型"花瓣 2，即花朵 2 的内层花瓣。代码和运行效果分别如图 5-13 和图 5-14 所示。

图 5-13　完整的绘制花朵 2 的程序

图 5-14　按下 W 键后绘制花朵 2 的结果

到这里绘制花朵游戏的程序全部完成。

第 6 章

# Scratch 3.0
# 大型游戏开发 1：海底追晶

经过了前 5 章的学习铺垫，下面我们一起开发一个 Scratch 3.0 大型游戏——海底追晶。先来看一下完成后的游戏界面，如图 6-1 所示。

图 6-1　游戏界面

游戏介绍：在深海中有一条橘色的小鱼，名字叫小橘，它一直在寻找深海中的水晶，这是一条探险之路，小橘要随时躲避危险的、能够快速移动的毒海星。小橘每追到一个水晶就可以得到一分，得分越多越好。但如果小橘不幸碰到了毒海星，则游戏终止。

接下来，就让我们一起来编写这款快节奏的游戏吧！

## 6.1　游戏的设计与编程

### 6.1.1　设计游戏的画面

游戏的设计其实是和编程结合在一起的。我们通常在设计出游戏的总画面和每一个角色的时候，就会为它们先编写一些基本的程序，这样在运行后可以发现问题并及时解决。当设计完成全部的角色后，还需要统一地再整理一遍。

我们将该游戏的设计与编程分成了若干步骤。看似步骤很多，其实一步一步地做下来，并在完成每一步后都及时地加以检验的话，最终肯定能够成功。需要说明的是，设计过程中如果在计算机中找不到该游戏中需要的背景图片或者某个角色的图片，可以先引入其他的某个图片作为替代即可。

下面介绍游戏的开发过程，首先介绍创建舞台画面的步骤。

❶ 新建一个作品。双击桌面上的 Scratch 3.0 快捷方式启动程序，在"文件"菜单中选择"新作品"，如图 6-2 所示。

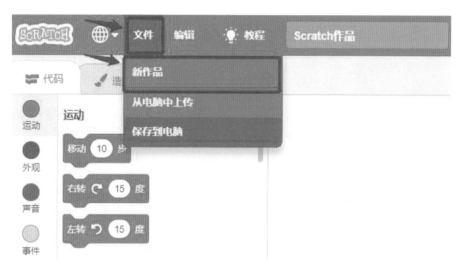

图 6-2　新建作品

接着如图 6-3 所示，在图 6-2 的顶部菜单栏的输入框中将作品命名为"海底追晶"。

图 6-3　重命名

❷ 下面我们为游戏设置一个合适的背景。点击界面右下方的 ⬛ 图标，如图 6-4 所示。

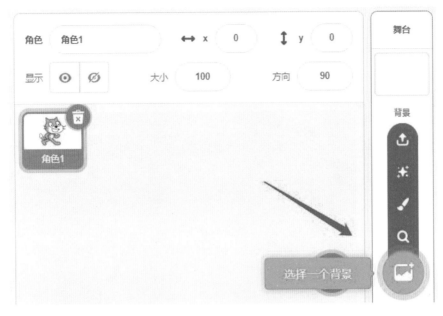

图 6-4 点击"选择一个背景"图标

在随后出现的图 6-5 中点击"水下"标签，选择其中的"underwater1"图片并设置为游戏的背景。

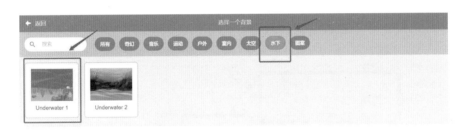

图 6-5 选择一个背景界面

## 6.1.2 设计小橘的角色

下面介绍添加游戏的主角小橘的步骤。

❶ 首先需要删除软件默认的角色小猫（如图 6-6 所示）。点击角色列表中默认的"角色 1"右上角的垃圾桶图标" "即可删除这个角色。然后点击角色列表右下方的图标，找到并单击"动物"中的"Fish"。这时可以看到舞台区中央出现一条橘色的鱼，它处在海底的背景之中。

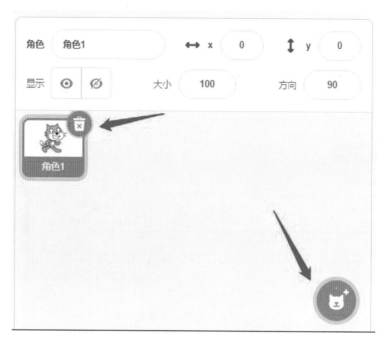

图 6-6　删除角色及新增角色

❷ 接着在角色区的角色属性区域，将角色名称"Fish"重命名为"小橘"，大小设置为 80，如图 6-7 所示。

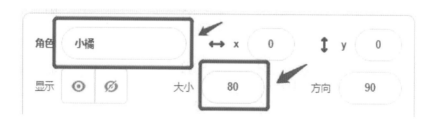

图 6-7　角色属性设置

❸ 在编写代码之前，我们必须先想明白需要让角色具备怎样的运动效果和实现怎样的功能，然后再找出 Scratch 3.0 中的哪些指令块能够实现这些效果和功能。

在这个游戏中，我们希望用鼠标控制小橘行动，让它跟随鼠标运动。因此，如图 6-8 所示，点击指令区的"代码"标签，找到"事件"组的"当▆被点击"指令块，拖拽到屏幕界面中间的代码区。

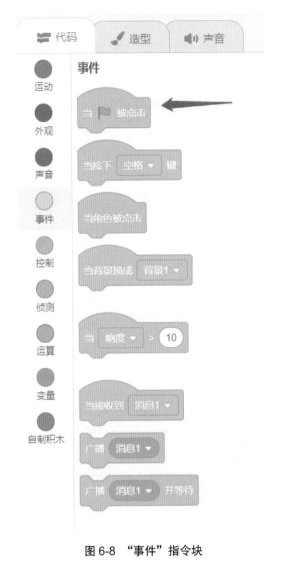

图 6-8　"事件"指令块

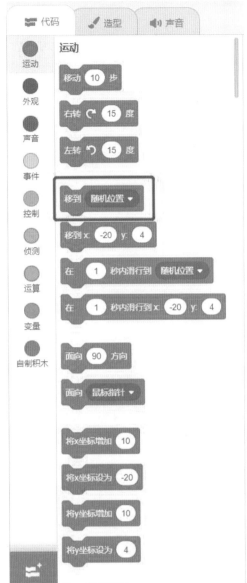

图 6-9　"移到随机位置"指令块

接着如图 6-9 所示，找到"运动"组的"移到 随机位置"指令块，将它添加到代码区。然后单击此指令块的下拉菜单，选择其中的"鼠标指针"，如图 6-10 所示。

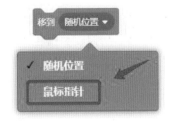

图 6-10　下拉菜单

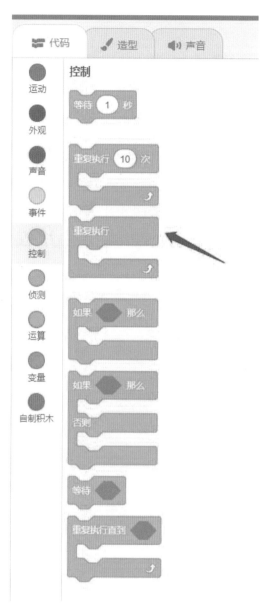

图 6-11 "重复执行"指令块

图 6-12 两个指令块的位置

接下来如图 6-11 所示，找到"控制"中的"重复执行"指令块，将其拖拽到代码区，放到蓝色的指令块上面，此时"重复执行"指令块会将"移到 鼠标指针"指令块包住，如图 6-12 所示。

最后将"当▶被点击"指令块按图 6-13 所示的位置摆放好。现在点击舞台区中左上角的小绿旗"▶"就可以运行游戏了。观察此时的效果不难发现，在舞台区我们确实可以让小橘跟随鼠标移动。

图 6-13 小橘的代码

❹ 接下来给小橘添加在水下运动时的气泡音效。

首先，需要在角色列表中点击小橘角色，使其高亮显示。接着，点击指令区的"声音"标签，检查 Scratch 3.0 软件是否为小橘角色设置了默认的"bubbles"声音。如果没有的话就需要自己添加。点击左下侧的喇叭

""图标，在声音库中找到并单击"bubbles"，将它添加到声音列表中。添加完成后如图6-14所示。

图6-14    声音界面

接下来，我们编写小橘的播放声音的代码。点击"代码"标签，在"声音"组中，找到"播放声音……等待播完"指令块，如图6-15所示。添加此指令块到代码区。

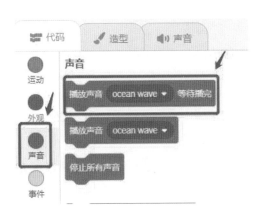

图6-15    "播放声音……等待播完"指令块

按照图6-16中的右半部分所示添加一段新的代码（这里需要注意的是，我们要保留图6-16中原来的左半部分代码）。当我们点击舞台区的小旗子启动游戏时，新增的代码与之前的代码会同时运行。因此，小橘既能够随着鼠标移动，又能够不停地发出音效。运行游戏，观察此时的效果。

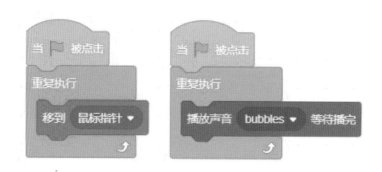

图 6-16　小橘的两段代码

### 6.1.3　设计毒海星角色

接下来要给小橘增加一个敌人，它就是毒海星。

❶ 点击角色区右下方的"　　"按钮。如图 6-17 所示，在弹出的角色库中找到"动物"里的"Starfish"角色并单击它，这时我们发现背景图里新增了一只海星。

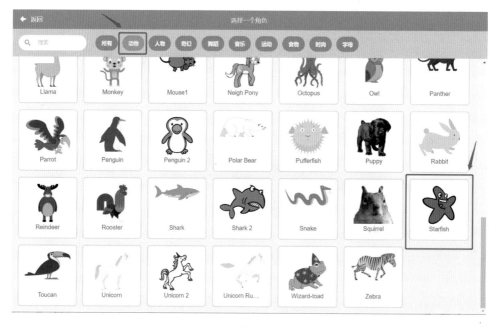

图 6-17　选择一个角色

接着修改"Starfish"角色属性，重命名为"毒海星"，大小设为30，如图 6-18 所示。

图 6-18　修改毒海星的角色属性

❷ 接下来编写毒海星的代码。我们先完成一个简单的让毒海星在舞台区来回游动的效果。如图 6-19 所示，毒海星在移动过程中按照每次 10 步的速度前进，一旦碰到舞台区的边缘就会反弹往反方向运动。

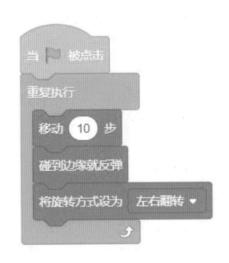

图 6-19　毒海星的代码

相信细心的读者已经发现了，我们在代码的最后添加了一个"将旋转方式设为左右翻转"的指令块。那么请尝试一下如果不添加这个指令块，毒海星的运动方式和轨迹将会如何呢？

现在如果我们运行舞台区的代码就可以发现，当小橘和毒海星在运动过程中相遇时并没有发生任何事情，这是因为我们还没有对它们相遇这一个事件进行编程。我们希望小橘和毒海星一旦相遇就停止运动，为此，需要在刚才的基础上增加一段代码。

如图 6-20 所示，首先点击角色区的毒海星角色，然后拖拽一个"控制"组的"如果……那么"指令块放到代码区的空白处。接着添加一个"侦测"组的"碰到……"指令块，并选择其中的下拉菜单"小橘"选项。然后添加一个"控制"组的"停止全部脚本"指令块。为了保证游戏的效果，在点击游戏运行后，应该留有一点反应的时间，因此可以再加入一个"等待 1 秒"的指令块。

❸ 仅仅有一个毒海星的障碍怎么能够有好的游戏体验呢？没错，我们要添加更多的毒海星角色来增加游戏的难度。如图 6-21 所示，想要增加相同的角色可以直接在角色区的毒海星角色上点击鼠标右键并选择"复制"。

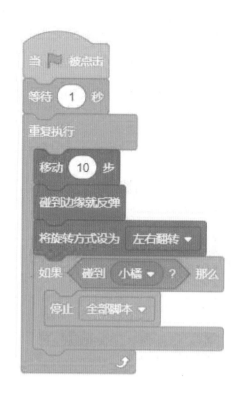

图 6-20　修改毒海星的代码

图 6-21　复制角色

这样就可以给游戏增加与模板角色一模一样的毒海星，重复操作复制几次就可以增加几个。需要说明的是，复制的内容不仅是角色的大小等属性，而且连同它的代码都一起复制了。在这个游戏中，我们复制了3次，即增加3个毒海星，分别命名为"毒海星2""毒海星3"和"毒海星4"，如图6-22所示。

图 6-22　复制 3 个毒海星

❹ 运行程序时我们发现这 4 只毒海星都是一样的运动轨迹，这肯定不是我们想要的游戏情形。我们希望让复制出来的毒海星各自独立地朝着各个方向移动。

现在以最开始的那只海星为例，为了修改它的运动方向，我们可以为它添加一个"运动"组的"面向……方向"指令块。如图 6-23 所示将它拖入到"毒海星"代码中，并输入数值45，这只毒海星就会朝着 45 度方向运动了。按照同样的方式，将"毒海星 2"角色的运动方向设置为 120 度。

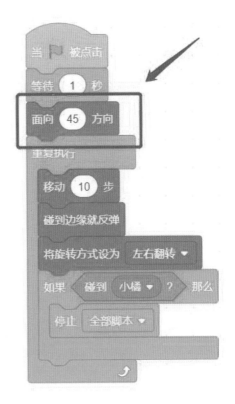

图 6-23　修改毒海星的运动方向

为了增加游戏的趣味性和难度，我们设定"毒海星3"追着小橘运动。想要实现这个效果，只需为"毒海星3"添加一个"运动"组中的"面向 鼠标指针"指令块，并把"鼠标指针"改为"小橘"，如图6-24所示。需要注意的是，每个毒海星的移动速度都不要太快，因为速度太快的强大敌人会大大降低游戏的趣味性。因此我们设定它的移动速度为5。

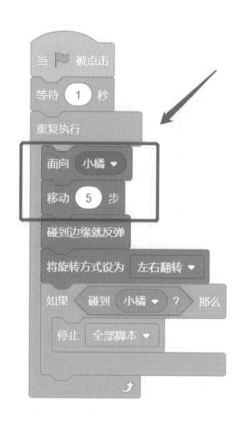

图6-24　修改毒海星3的代码

在游戏中，有时敌人不确定的运动轨迹也能大大增加游戏的趣味性。所以我们将"毒海星4"角色的运动方向设置为随机的。想要实现这个效果，除了需要为"毒海星4"角色添加一个"面向……方向"指令块之外，还需要一个"运算"组的"在……和……之间取随机数"指令块并放到图6-25所示的位置。

现在，我们已经完成了编写4个毒海星的代码任务。在继续学习后面的内容之前一定要及时运行游戏，检查4个毒海星的代码能否正常运行。

想要成为一名优秀的程序员就一定要明白，在编程时遇到了问题要及时解决，否则越到后期越难处理。

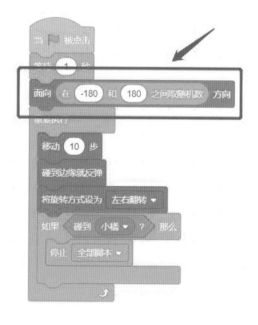

图6-25　修改毒海星4的代码

## 6.1.4　设计水晶角色

还记得这个游戏的目标吗？我们希望小橘通过获得更多的水晶来增加分数。所以我们要实现两个目标：一是添加"水晶"角色，二是实现计分的效果。下面介绍设计步骤。

❶ 与之前添加"毒海星"角色的方式类似，在角色列表"奇幻"中，找到并单击"Crystal"角色，将它添加到游戏之中并重命名为"水晶"，如图6-26所示。

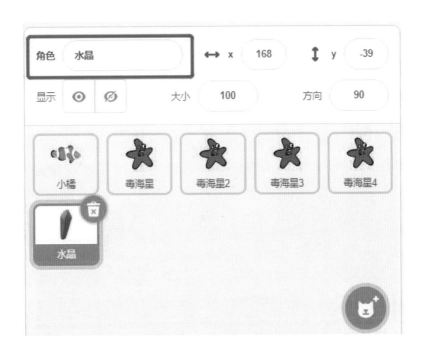

图 6-26　添加水晶角色

❷ 接下来，我们要实现记录分数的功能。为了记录游戏中小橘获得的分数，我们需要借助"变量"的功能来实现这个目标。所谓"变量"，顾名思义就是一个变化的量，可以用来保存小橘获得的不断变化的得分。

通过创建一个"变量"来记录小橘获得的水晶分数，每得到一个水晶就增加一分。步骤如下。

点击角色列表中的"水晶"角色，然后选择指令区中的"变量"。点击"建立一个变量"按钮，如图6-27所示。

图6-27　建立一个变量

点击后会弹出如图6-28所示的窗口。在新变量名处输入汉字"得分"，选择"适用于所有角色"，然后点击"确定"。

图6-28　新建变量窗口

此时我们发现有新的"得分"指令块出现了，如图6-29所示。需要注意一定要确保"得分"前面的小方框被勾选了，这样它才能显示在舞台上。显示的位置可以自由选择，在这里我们把它拖拽到舞台区的左上角。

图6-29　勾选"得分"

❸ 在完成了上述准备工作后，接下来就要开始为"水晶"角色正式编写代码啦！不过在动手编写代码之前，还是要捋清思路。我们这样设定游戏：让"得分"从零开始，并且每当小橘得到一次水晶，得分就增加一分。同时，当小橘碰到水晶时，我们希望能发出提示音，接着水晶会消失，然后立即随机出现在舞台的其他地方。

首先在角色区中点击"水晶"角色来编写它的代码。如图 6-30 所示，在"变量"组中找到"将得分设为……"和"将得分增加……"两个指令块，并将它们拖拽添加到代码区。

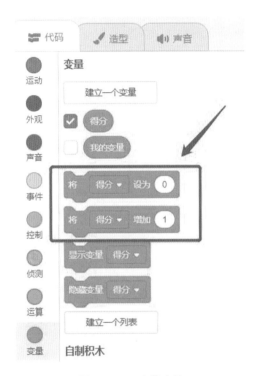

图 6-30　两个指令块

接着如图 6-31 所示，在"声音组"中找到"播放声音……"指令块，在下拉菜单中选择"collect"选项，然后拖拽添加到代码区。

图 6-31　"播放声音……"指令块

"水晶"角色最终的代码如图 6-32 所示，参照这个游戏中其他步骤的方法找齐所有其他指令块，并按照图 6-32 中的方式编写代码、修改参数。完成后一定要完全理解代码的意思，相信你一定可以的！

图 6-32　角色水晶的代码

编写完成后记得要运行代码来观察游戏的效果。如果发现无法运行，就要认真和图 6-32 做比对。要知道一个很小的细节问题都可能会导致游戏无法运行。

## 6.1.5　最后的完善

到这里，我们已经基本实现了游戏的功能啦！但是为了拥有更好的游戏画面感，我们可以让毒海星在运动过程中表现出游泳的动态效果。

将图 6-33 所示的代码添加到四只毒海星的代码区，完成后运行游戏，就可以看到四只毒海星以可爱的姿态游泳了。

此外也请思考一下为什么要在图 6-33 的代码中加一个"等待 0.1 秒"的指令块呢？如果暂时没想到

图 6-33　添加动画效果

原因的话就先删除这个指令块，通过运行游戏来观察前后的区别，相信你就能完全理解啦！

添加完4只毒海星的动态效果后再运行游戏，是不是感觉此时游戏的画面感更好了呢？那么我们再想一想还有什么地方可以进一步完善吧。

其实要想将这个游戏的画面做得更漂亮，还可以添加一些左右晃动的水草和一些自由游动的小鱼，读者可以自己去尝试一下。

这是我们开发的第一个大型游戏，相信你和我一样都非常兴奋。虽然如此，但运行游戏后有没有发现一些问题呢？比如，有时水晶的某些部分会露在舞台的外面。你能解释出原因吗？

## 6.2　游戏的改进

相信聪明的你一定想到啦！这是因为在编写水晶的代码时设定它随机出现的坐标范围太大了，导致当水晶在舞台的边缘区域出现时，会有一部分无法显示在舞台的画面中。

最简单的解决办法就是减小水晶代码中坐标 x 和 y 的数值大小。修改后的水晶的代码如图 6-34 所示（对比图 6-32）。

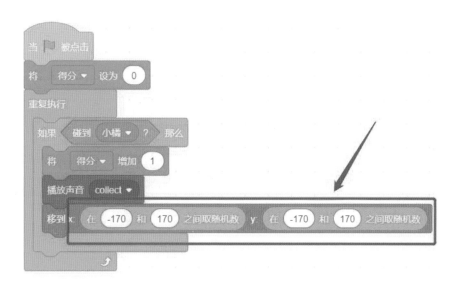

图 6-34　修改后的水晶的代码

我们还可以继续给游戏添加一些趣味性。例如可以将一只毒海星的运行速度改为动态变化。我们希望它刚开始运动得比较慢，但是随着小橘得到的分数越来越高，这只毒海星的速度也越来越快。

如何修改代码才能实现这个效果呢？图 6-35 给出了一个解决方案，修改的是毒海星 2 的代码。看看是否和你的想法一样呢？

在图 6-35 中，"得分 /2"表示得分除以 2 的结果，如果不能整除则取整。可见毒海星 2 的移动速度是随着获得水晶的分数增加而加快的，这样就加大了游戏的难度。修改代码后继续运行游戏，看看现在最高能获得多少分呢？

到此为止我们的第一个大型游戏就完成开发了。但是接下来还要完成一个关键步骤。没错，那就是保存作品！请记住，作为一名优秀的程序员，在任何时候都要珍惜自己宝贵的劳动成果，这是智慧的结晶，我们必须保存它！

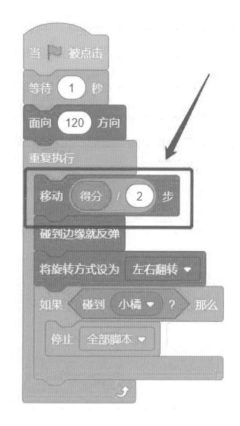

图 6-35　修改毒海星 2 的代码

如图 6-36 所示，点击菜单栏的"文件"并选择"保存到电脑"。

图 6-36　保存到电脑

点击后将会弹出"另存为"的窗口。首先，在窗口的最上方查看文件的保存路径，如图 6-37 所示，确定是自己想要保存的位置。接着需要给游戏作品命名，这里要注意的是，不能删除或者修改文件的尾缀".sb3"，只能改变"."前面的文字内容。这里的".sb3"表示 Scratch 3.0 保存的文件类型，如果更改了它，Scratch 3.0 软件将不能直接打开这个作品了。最后，点击"保存"就完成了保存工作。

图 6-37 "另存为"窗口

恭喜你！第一个 Scratch 3.0 大型游戏终于全部开发完成了。请再思考一下，在这章学习制作游戏"海底追晶"的过程中，我们都掌握了哪些新技能和知识呢？

第 7 章

# Scratch 3.0
# 大型游戏开发 2：迷宫探险

完成了前一个游戏"海底追晶"之后，有没有感受到 Scratch 带来的创作乐趣呢？通过学习"海底追晶"的游戏开发，相信你已经完全掌握了鼠标控制角色的方法。接下来我们一起学习另一种控制角色的方法：用键盘控制角色。

相信你一定玩过各种迷宫类的游戏，在这一章，我们要学习制作一个经典的迷宫游戏——迷宫探险！游戏界面如图 7-1 所示。

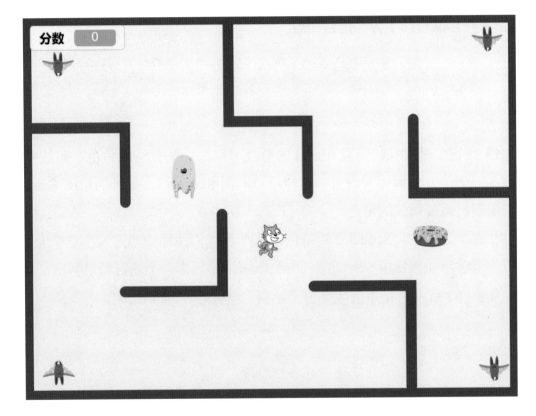

图 7-1　游戏界面

游戏介绍：在迷宫中，有一只馋嘴的猫咪名叫咪咪，它想吃到一个随机出现的甜甜圈。但是想要吃到美味的甜甜圈并没有那么容易，因为迷宫里充满了危险，既有可怕的蝙蝠，还有神出鬼没的怪物，这些都是咪咪吃到甜甜圈的阻碍！

相信你已迫不及待地想要学习这个作品的设计啦！接下来就开始编写第二个 Scratch 3.0 大型游戏吧！

## 7.1 游戏的设计与编程

### 7.1.1 设计游戏的画面

与上一个游戏的设计过程相似，我们首先新建一个文件并创建游戏画面。

❶ 如图 7-2 所示，打开 Scratch 3.0 软件后点击"文件"菜单，选择"新作品"，将作品重命名为"迷宫探险"。

图 7-2　重命名

❷ 在很多时候我们需要在设计的游戏中添加一些独特的角色，而这些角色在 Scratch 3.0 的库中并没有。这时可以利用 Scratch 3.0 提供的绘图编辑器，自己绘制出想要添加的角色。

在这个游戏中，Scratch 3.0 角色库就没有我们使用的"迷宫"这个角色。所以先来学习如何使用 Scratch 3.0 的绘图编辑器制作一个迷宫场景。

如图 7-3 所示，在角色区点击"绘制"图标，开始绘制。

图 7-3　绘制角色

如图 7-4 所示，我们先在角色属性中将此角色命名为"迷宫"。点击绘制图标后，会弹出角色的造型界面。

**图 7-4　角色属性**

在"造型"界面的左下方有转换图像类型的按钮。图像分为位图和矢量图两种类型。位图保存着图中每一个像素的位置及其颜色，而矢量图能表现出像素的绘制规则。位图在放大或缩小后角色的图案会变得模糊，然而矢量图却看不出什么变化（在拉伸或收缩后依然清晰）。在这个游戏中因为不需要放大或缩小迷宫的尺寸，所以我们选择位图这一图像类型。

然后还要设定一些参数。如图 7-5 所示，点击窗口左侧的"线段"按钮，在"轮廓"下拉菜单中将颜色设定为蓝色，将线段粗细设置为 20。

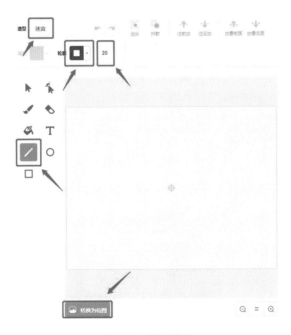

**图 7-5　造型界面**

完成后就可以在画板区域内设计自己的迷宫造型了。我们可以先画出迷宫的外部轮廓，然后再画内部的围墙。在画图过程中，为了保证所有的线段都是水平和垂直的，我们可以按住"Shift"按键，再用鼠标画线段。

在画板区域，你可以充分发挥自己的想象力设计出想要的迷宫，但是要保证后期的猫咪能有充足的活动空间，并且至少要有一条通路。迷宫的大小和复杂的程度决定了游戏的可玩性，所以要设计出合理的迷宫造型。如图7-6所示的迷宫图案可供参考。

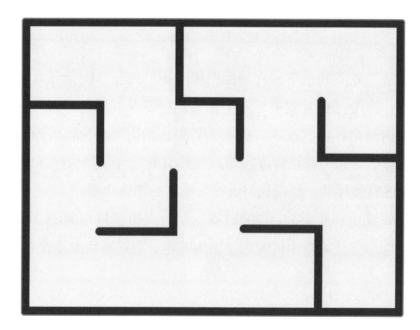

图 7-6　迷宫造型

接下来，我们编写迷宫的代码。要让迷宫总是完全显示在舞台的中央，在角色区点击"迷宫"角色，然后点击指令区的"代码"标签，具体代码如图7-7所示。

图 7-7　迷宫代码

## 7.1.2　设计小猫的角色

接下来介绍设计小猫咪咪角色的步骤。

❶ 先设定咪咪的一些参数：在角色区选中猫咪，将角色名字改为"咪咪"，大小设为30，如图7-8所示。

图 7-8　修改咪咪角色的属性

❷ 在这个游戏中我们需要用鼠标控制咪咪向上下左右4个方向移动。想要实现这样的效果，需要哪些指令块来实现呢？

想要实现4个方向的控制效果听起来有些复杂，我们不妨一个一个来实现。以向上运动为例，需要的指令块主要包括4类：事件类、运动类、控制类以及侦测类。

其中，事件类的"当▶被点击"指令块，如图7-9所示。

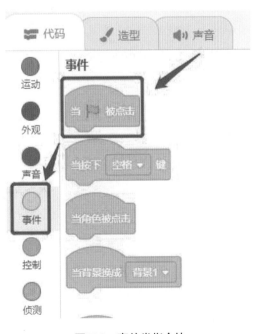

图 7-9　事件类指令块

运动类的"移动……步"和"面向……方向"指令块，如图7-10所示。

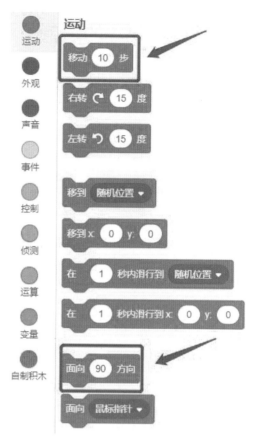

图 7-10　运动类指令块

控制类的"重复执行"和"如果……那么……"指令块，如图7-11所示。

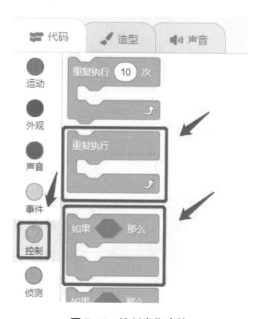

图 7-11　控制类指令块

侦测类的"按下……键？"指令块，如图 7-12 所示。

将需要的这些指令块都添加至代码区后，接下来就需要思考如何将它们拼接在一起才能实现预期的效果了。

图 7-12　侦测类指令块

图 7-13 所示的是实现咪咪向上移动效果的代码，其中移动的方向设置为 0（向上），移动的距离设置为 5 步。完成编写后，点击舞台区的绿色小旗子按钮运行代码后，如果按住键盘的向上按键"↑"就可以控制咪咪向上移动了。

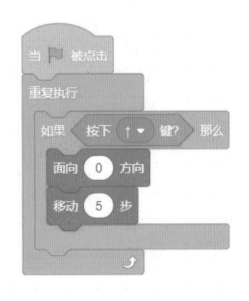

图 7-13　向上运动代码

完成了向上移动的代码后，按照同样的方法依次完成其他 3 个方向的控制设置：向下移动是把面向方向的值设置为 180，向左移动是把面向方向的值设置为 –90，向右移动是把面向方向的值设置为 90。向四个方向均能运动的控制代码如图 7-14 所示。

完成 4 个方向的控制设置后，需要仔细阅读这段代码并完全理解代码的意思。运行代码后就可以用键盘的上下左右 4 个按键控制咪咪在舞台上的移动了。如果运行不正常，需要对照图 7-14 检查代码是否正确。

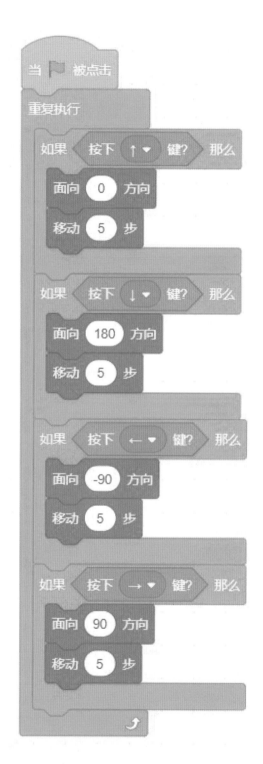

图 7-14　向四个方向运动的控制代码

## 7.1.3　设计甜甜圈角色

接下来添加咪咪最爱吃的食物甜甜圈，步骤如下。

❶ 点击角色列表"选择一个角色"，在角色库"食物"中找到"Donut"，并将它重命名为甜甜圈，如图 7-15 所示。

图 7-15　甜甜圈角色的属性

❷ 在给甜甜圈编写代码之前，我们需要先考虑清楚它的游戏功能：让它每次都出现在迷宫的随机位置，而且每次当咪咪吃到甜甜圈时都发出吃东西的声音，同时会得 1 分，之后甜甜圈又会出现在新的位置。

首先，我们需要新建一个"变量"来保存分数。在指令区选择"变量"，点击"建立一个变量"，如图 7-16 所示。

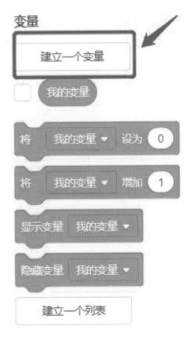

图 7-16　建立一个变量

在弹出的"新建变量"窗口输入新变量名为"分数"，并选择"适用于所有角色"，如图 7-17 所示。

图 7-17　新建变量窗口

如图 7-18 所示，请确保勾选了变量前的小方框，这样才能保证分数显示在舞台区（如果不希望某个变量的数值显示出来，就不要勾选它）。然后将"将分数设为……"和"将分数增加……"指令块添加至代码区中。

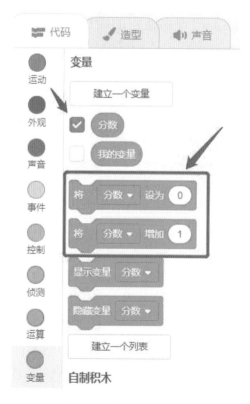

图 7-18　变量显示界面

因为需要甜甜圈随机出现在迷宫之中，所以要用到"在……和……之间取随机数"的指令块，如图7-19所示。

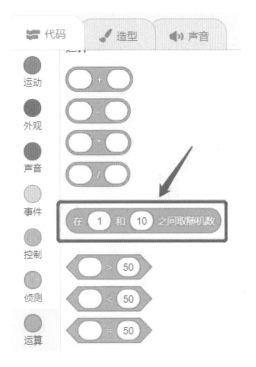

图7-19　"在……和……之间取随机数"的指令块

按照游戏中的设定，当咪咪吃到甜甜圈时会让分数增加1分，所以需要利用控制类中的"等待……"指令块和侦测类的"碰到……"指令块，如图7-20和图7-21所示。

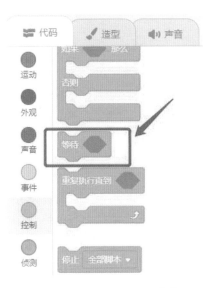

图7-20　"等待……"指令块

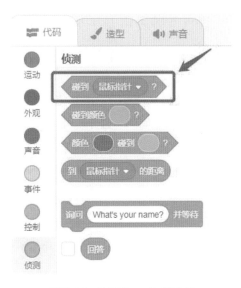

图7-21　"碰到……"指令块

按照图 7-22 所示内容，找齐其他几个指令块并拼接起来，同时按照图中内容修改甜甜圈角色的代码中的参数。编写完成后，运行游戏，观察效果。

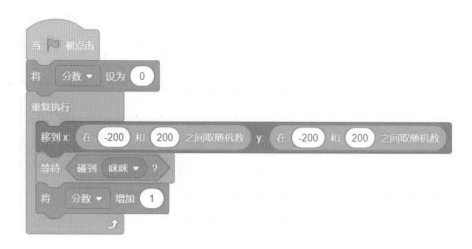

图 7-22　甜甜圈代码

❸ 完成上述内容后不难发现，当我们控制咪咪碰到甜甜圈时分数会增加1 分，然后甜甜圈会随机显示在别的位置。但是我们还需要加入当咪咪吃到甜甜圈时发出吃东西的声音的效果。

接下来，我们给这个环节添加一个声音效果。点击指令区的"声音"标签后点击下方的"　　"图标。在弹出的"选择一个声音"界面中，找到"Chomp"声音，单击添加到作品中。接着，点击"代码"标签，找到"声音"类的"播放声音……"指令块，点击下拉菜单，选择其中的"Chomp"选项，如图 7-23 所示。

图 7-23　"播放声音……"指令块

最后将此指令块添加到甜甜圈的代码中，如图 7-24 所示。

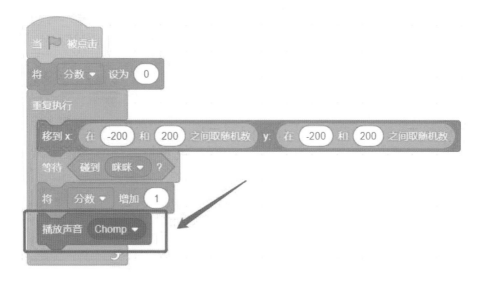

图 7-24　添加声音效果的代码

运行游戏，观察此时的效果。

## 7.1.4　完善小猫的运动

运行当前的代码，我们发现此时咪咪的运动范围不受迷宫的影响，它能够穿越迷宫围墙，但这不是我们想要的效果。那么如何解决这个问题，让迷宫起到限制咪咪行动范围的作用呢？

在角色区，点击角色咪咪。按照图 7-25 所示内容找齐这 3 个指令块，修改其中的参数，最后拼接起来。这一串代码可以让咪咪在碰到围墙时反弹回来，起到不穿越迷宫围墙的效果。

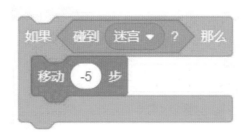

图 7-25　添加咪咪反弹效果的代码

接下来，用鼠标右键点击此段代码，在弹出的选项中选择"复制"，复制此段代码3次，如图7-26所示。

图7-26　"复制"指令块

然后将得到的4个指令块分别放到咪咪的代码中的相应位置，如图7-27所示。请注意在图7-27中，当用键盘上的4个方向键控制小猫移动并碰到迷宫时都是"移动（-5）步"，这是因为这段代码都是复制图7-25得到的。运行游戏，观察此时的效果。如果发现小猫行动有异常，就要适当地修改小猫碰到迷宫后的移动步数〔请考虑一下，什么时候是移动5步，什么时候是移动（-5）步〕。

此时运行代码，就会发现咪咪已经可以在迷宫中自由行动了，并且小猫已经不能穿越迷宫围墙，同时也实现了吃到甜甜圈并增加游戏分数的效果。但是，按照最初我们设定的游戏场景，游戏里还缺少一些敌人。那么接下来，我们就要给咪咪添加敌人啦！

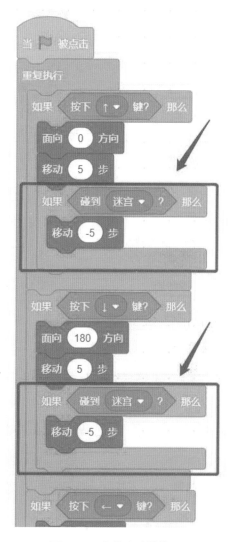

图7-27　完善咪咪的代码

## 7.1.5　设计小猫的敌人——怪物

接下来我们给游戏添加第一个"坏人"，也就是怪物的角色。它能在迷宫中飘来飘去地追逐咪咪，而且还"神出鬼没"，一会儿出现一会儿又消失。它极大地影响了咪咪的行动范围，而且如果咪咪碰到了怪物那么游戏就结束。

❶ 首先，点击角色列表"选择一个角色"，在角色库"奇幻"中找到并单击"Ghost"，然后将它重命名为"怪物"（当然，你也可以将它命名为一个比较"可爱"的名字），将它的大小设为 30，如图 7-28 所示。

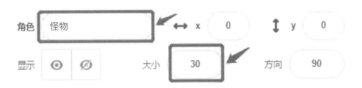

图 7-28　怪物角色属性

❷ 接下来我们就要开始编写它的代码了。编写代码之前，需要想清楚我们希望它实现怎样的效果：怪物能追着咪咪运动，一旦咪咪不小心碰到了它则游戏结束。同时，我们希望游戏开始时它是消失的，随着游戏的进展，它在迷宫中随机的位置一会儿出现，一会儿又消失。这些效果看着貌似有些复杂，我们不妨给它编写两段代码，分别实现这些效果。

首先，我们来编写第一段代码，实现这样的效果：让怪物追着咪咪运动，一旦咪咪不小心碰到了怪物，游戏则结束。

按照图 7-29，找齐指令块并修改相关参数，最后将它们拼接起来。

图 7-29　怪物运动效果的代码

接下来，我们编写第二段代码，让怪物实现这样的效果：开始时，怪物是消失的，随着游戏的进程，它会在迷宫中一个随机的位置出现，然后一会儿又消失。

这里会用到两个新的指令块："外观类"的"隐藏"和"显示"指令块，如图7-30所示。

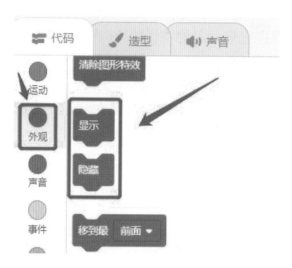

图 7-30　外观类指令块

然后按照图7-31所示内容，找齐其他指令块并添加到代码区，同时修改相关的参数，最后拼接起来。

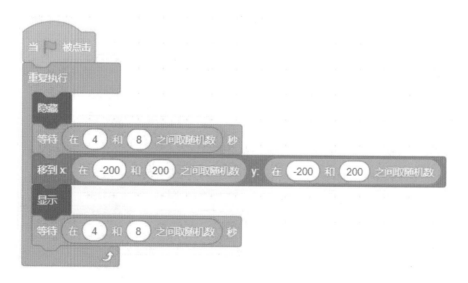

图 7-31　怪物隐藏和显示的代码

完成上述内容后运行游戏并观察此时的效果。如果不能实现预期的效果，请仔细检查自己编写的代码是否与书中的代码一致。

## 7.1.6  设计小猫的敌人——蝙蝠

接下来我们添加小猫的另一个敌人，它就是蝙蝠。蝙蝠能够在迷宫中来回地任意走动，而且一旦咪咪碰到了蝙蝠游戏也就结束了。

❶ 首先，点击角色区的"选择一个角色"图标 ，在角色库"动物"中找到并单击"Bat"添加到游戏。然后将此角色重命名为"蝙蝠1"，并将它的大小调整为 20，如图 7-32 所示。

图 7-32  蝙蝠 1 角色属性

在游戏里，我们希望蝙蝠在运动过程中如果碰到了迷宫就随机向左转90 度或者向右转 90 度运动。为了实现这样的效果，我们需要"如果……那么……"和"如果……那么……否则……"指令块，如图 7-33 所示。

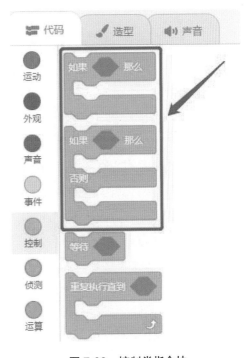

图 7-33  控制类指令块

然后，我们需要"移动……步""左转……度""右转……度"3个指令块，如图 7-34 所示。

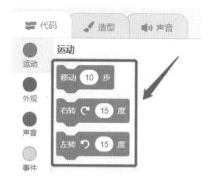

图 7-34　运动类指令块

接着我们需要"在……和……之间取随机数"和"……等于……"两个指令块，如图 7-35 所示。

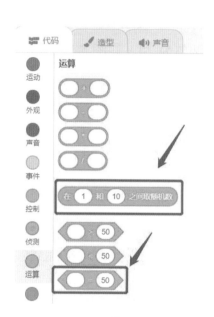

图 7-35　运算类指令块

最后需要一个侦测类的"碰到……"指令块，如图 7-36 所示。

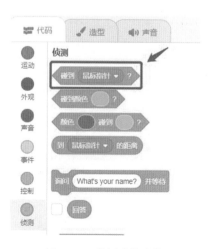

图 7-36　侦测类指令块

准备好上述的指令块后，按照图7-37所示，拼接指令块并修改其中的一些参数。

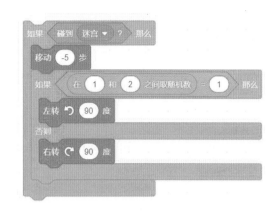

图 7-37　蝙蝠 1 的部分代码

完成上一步骤的内容，就基本实现了蝙蝠 1 的随机转向效果，然后再按照图 7-38，找齐其他指令块，修改其中参数后，再将它们拼接起来，得到的就是蝙蝠 1 的全部代码。

运行游戏并观察蝙蝠 1 的运动效果。我们可以发现每次蝙蝠都是从舞台的左下角位置出现，然后在运动过程中一旦碰到迷宫后会向左转或向右转，这样就给游戏增加了更多趣味性。在运动过程中一旦蝙蝠 1 碰到了咪咪，游戏就会停止。

但是在多次运行游戏后是不是感觉游戏还是太容易了？接下来，我们一起来给游戏增加难度，增加蝙蝠的数量吧！

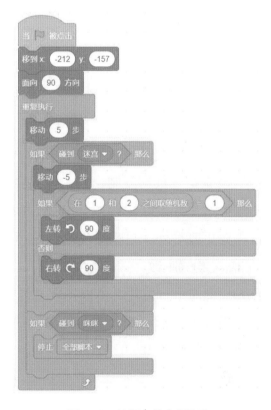

图 7-38　蝙蝠 1 的全部代码

## 7.2 游戏的改进

游戏的改进是为了增加游戏的可玩度与参与感，下面介绍改进步骤。

❶ 增加蝙蝠数量。我们无需重复上一步骤，只需用鼠标右键点击角色区中"蝙蝠1"角色，然后选择复制就可以了，如图7-39所示。

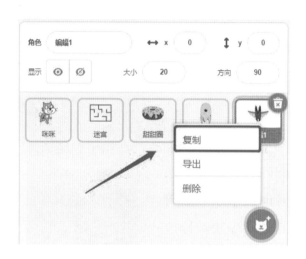

图7-39 复制蝙蝠1

我们需要复制3次，复制出来的蝙蝠会自动重命名为"蝙蝠2""蝙蝠3""蝙蝠4"，同时复制出来的蝙蝠会拥有完全一样的代码。

为了更好地获得游戏体验感，我们将4只蝙蝠放在迷宫的4个角落，所以需要更改另外3只蝙蝠代码中的第一个蓝色指令块"移到x：……y：……"的值，分别改为（x：212，y：157），（x：212，y：−157），（x：−212，y：157）。此时运行游戏，可以发现4只蝙蝠出现在了迷宫的4个角落。

现在再运行游戏并观察效果。这时游戏的难度是不是提高了许多呢？有没有难倒你呢？

❷ 此时，游戏的基本目标已经实现，但是还不是一个合格的游戏，现在我们给游戏配一个背景音乐。

在游戏中添加背景音乐时，既可以给角色添加声音，也可以给舞台添加声音，我们这里介绍的是给舞台添加背景音乐。在角色区的右侧，点击"舞台"，如图7-40所示。

图 7-40 选择舞台

然后点击指令区的"声音"标签，点击左下方的小喇叭图标 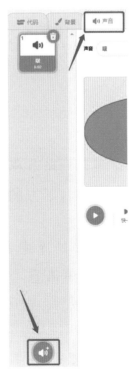 打开声音库，如图 7-41 所示。在声音库中找到"可循环"里的音乐"Bossa Nova"，单击它，将它添加到游戏之中。

图 7-41 添加声音

接下来，我们编写播放音乐的代码，如图 7-42 所示，点击指令区的"代码"标签，找到"声音"中的"播放声音……等待播完"指令块，选择下拉菜单中的"Bossa Nova"音乐并将这个指令块添加到代码区。

图 7-42　"播放声音……"指令块

最后，添加一个"控制"类的"重复执行"指令块以及一个"事件"类的"当▶被点击"指令块，按照图 7-43 所示完成拼接。

完成后运行游戏，可以发现我们已给游戏添加了一个背景音乐。

图 7-43　播放背景音乐代码

❸ 接下来我们给游戏添加一个背景。点击舞台右下方的 🖼 图标，如图 7-44 所示。

在弹出的背景库中找到图片"Blue Sky 2"并单击它，如图 7-45 所示。添加此背景后，迷宫的背景就变成了天蓝色。

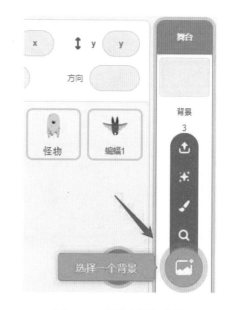

图 7-44　为游戏添加背景

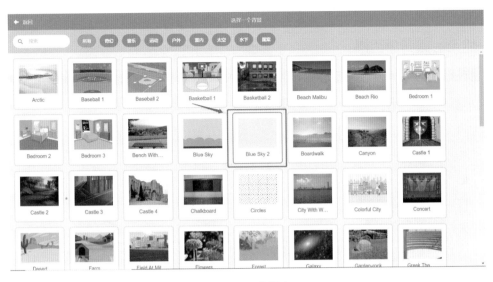

图 7-45　背景库

❹ 恭喜！我们已经基本完成"迷宫探险"的游戏开发了，接下来就需要不断地运行游戏来观察还存在哪些需要完善的地方。其实我们的游戏还是有一些问题的，在这里举2个例子。

第一个问题：在游戏过程中当控制咪咪运动时，有时咪咪角色的运动方向不自然。我们可以在它的代码中添加一个指令块来解决这个问题，思考一下，你能想到解决的办法吗？

解决方法：如图 7-46 所示，添加一个"将旋转方式设为左右翻转"指令块。

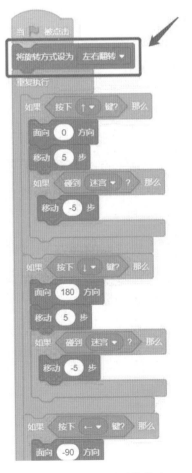

图 7-46　修改咪咪的代码

第二个问题：有时甜甜圈会出现在迷宫的边缘地区，在这种情况下咪咪有可能无法碰到甜甜圈。

解决方法：缩小甜甜圈随机出现的区域，即修改甜甜圈代码中指令块的参数，如图 7-47 所示。

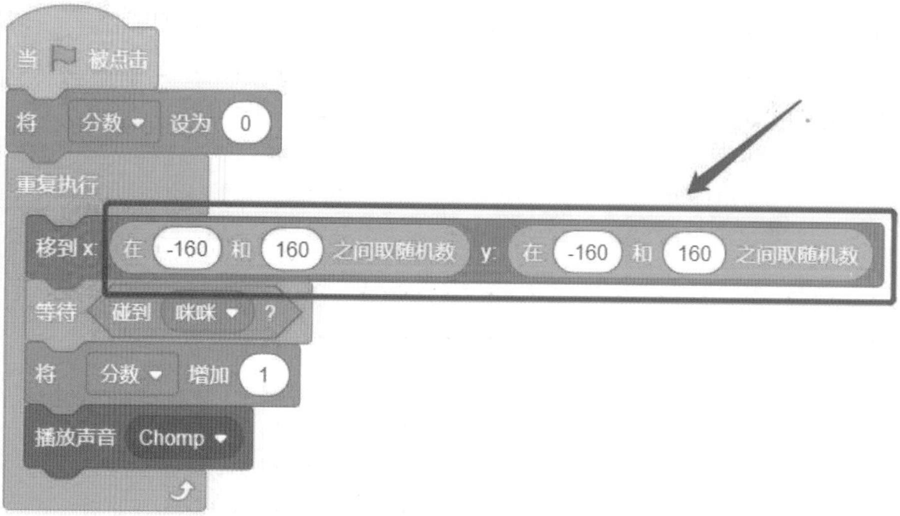

图 7-47　修改甜甜圈的代码

完成了上述内容后，不要忘记保存自己的作品哦！

开发一个优秀的游戏是需要经过多次程序修正的。因为游戏过程中出现的很多情况我们很难提前预料到，这些问题只能在后期的游戏测试过程中逐步解决！

现在，邀请你的朋友一起来挑战迷宫探险吧。看看谁能让咪咪得到最多的甜甜圈。同时在游戏的过程中，观察还有哪些细节可以再完善，并尝试去解决这些问题吧！

第 8 章

# Scratch 3.0
# 大型游戏开发 3：一飞冲天

太棒啦！我们已经完成了前面两个大型游戏的开发，现在是不是已经掌握了 Scratch 编程呢？那么接下来，开始第三个大型游戏"一飞冲天"的游戏开发吧！

游戏介绍：如图 8-1 所示，这是一只活泼调皮且弹跳力惊人的小猫，我们给它取名叫乖乖。在游戏里我们只有一个目标，那就是利用鼠标控制乖乖获取从天而降的糖果。我们需要结合糖果下落的实际情形，判断乖乖起跳的角度和速度，克服重力的影响以最少的次数帮助它起跳、飞越一棵大树，争取让它在落地前吃到所有的糖果！

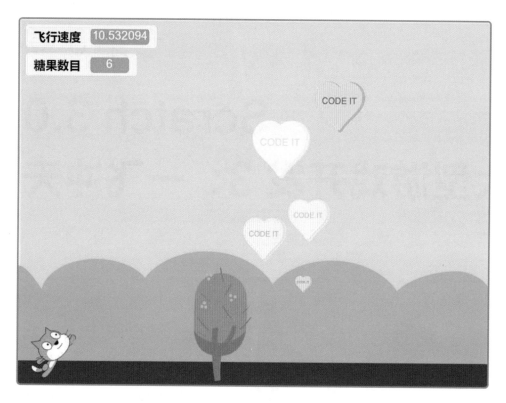

图 8-1　游戏画面

听起来很难？不要担心，要记住"世上无难事，只怕有心人"。要相信自己，不亲自试试看怎么知道呢？接下来，让我们一起来学习编写游戏"一飞冲天"吧！

## 8.1　游戏的设计与编程

### 8.1.1　设计活泼的小猫

与前两个游戏的设计步骤不同，在这个游戏中我们先来设计游戏的主角，它是一只活泼的小猫。

❶ 打开 Scratch 3.0，新建一个作品并命名为"一飞冲天"。在新建的作品中删除默认的角色，然后在角色库的"动物"类别中找到"Cat Flying"，单击它添加到作品之中，命名为"乖乖"，将它的大小设为 50，如图 8-2 所示。

图 8-2　乖乖的角色属性

❷ 点击指令区的"代码"标签，选择"变量"，单击上方的"建立一个变量"，如图 8-3 所示。

图 8-3　建立一个变量

图 8-4　新建变量窗口

此时如图 8-4 所示将弹出"新建变量"窗口。在"新变量名"处输入"飞行速度"，同时选择"适用于所有角色"。然后单击"确定"。

❸ 接下来就要尝试用鼠标来控制小猫乖乖了。在第一个游戏"海底追晶"中我们已经学会了如何用鼠标控制角色，那么现在想想，在这个游戏场景中该如何用鼠标控制角色呢？

我们要明白用鼠标来控制乖乖的哪些细节（按照难易程度从简单到复杂来分析）：第一点是要让乖乖起飞，第二点是需要控制乖乖起跳的方向，第三点是要控制起跳后的速度（在游戏中理解为乖乖的飞行速度）。

想明白这三点需要实现的功能之后，接着就要考虑在 Scratch 3.0 中哪些指令块能实现这三方面的功能。我们可以借助下面这三个指令块来实现上述功能。

首先，通过"按下鼠标？"指令块来判断是否按下了鼠标。在游戏中如果鼠标已被按下，乖乖就会起跳。如图 8-5 所示。

图 8-5　"按下鼠标"指令块

其次，通过乖乖是否"面向鼠标指针"的方向来设定乖乖的起跳角度。如图 8-6 所示。

图 8-6　"面向……"指令块

最后，通过乖乖"到鼠标指针的距离"指令块来设定乖乖的飞行速度。如图 8-7 所示。

图 8-7　"到……的距离"指令块

当我们决定好具体使用哪些指令块后, 就可以考虑如何利用它们来编写代码了。但是这个过程不是一次就能完美实现的, 在制作游戏时, 所有的环节都是需要一步步完成并不断进行调试和纠错的。

下面我们分三步来完成小猫乖乖的动作代码。

第一步, 编写控制乖乖起跳的代码。如图 8-8 所示, 添加蓝色的"移到 x: ……y: ……"的指令块(可以在指令区"代码"中的"运动"类别里找到)。通过这个指令块可以使乖乖每次在起跳前都位于舞台的左下角, 方便我们观察效果。

图 8-8 乖乖起跳的代码

第二步, 编写设定乖乖起跳角度的代码。如图 8-9 所示, 点击舞台区的绿色小旗运行代码。可以发现每次点击鼠标时, 乖乖的方向都会朝向鼠标的方向。

图 8-9 设定乖乖起跳角度的代码

接着将第一步与第二步结合, 实现如图 8-10 所示的代码。

图 8-10 乖乖的部分代码

第三步，编写设定乖乖飞行速度的代码。在这个环节，我们先思考如何使乖乖以固定的飞行速度运动，同时还要用到前面引入的"飞行速度变量"。这里我们使用"将……设为……"的指令块，如图 8-11 所示。

图 8-11　"将……设为……"指令块

此时实现的代码如图 8-12 所示。

上面的代码实现了乖乖以固定的飞行速度运动。接着，再将乖乖与鼠标之间的距离与飞行速度的大小建立联系，如图 8-13 所示。

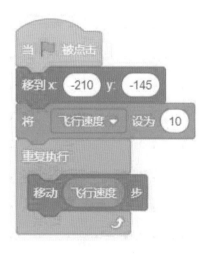

图 8-12　设定乖乖的飞行速度代码

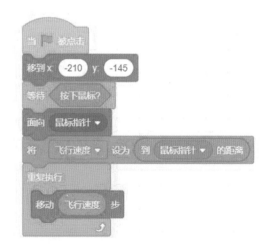

图 8-13　实现乖乖运动效果的代码

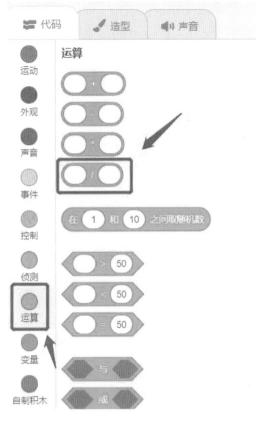

到这里，我们已经基本完成了控制乖乖的代码。运行代码并观察效果，我们发现此时乖乖的飞行速度太快了，需要给乖乖"限速"。这时可以通过使用"运算"指令块来解决这个问题，如图8-14所示。

图8-14　"除"运算指令块

最终，将代码修改为如图8-15所示，这样就大大降低了乖乖的飞行速度，而且能够控制它的起跳速度、方向了。

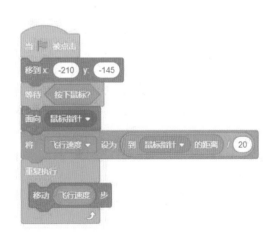

图8-15　乖乖的代码

当然，如果还无法完全理解图8-15所示的程序，可以尝试修改代码中的某些参数来看看游戏进行时出现了哪些变化。比如将"移到x：–210，y：–145"中的参数–210改成10（还可以改成1000），或者将"到鼠标指针的距离/20"

改为除以 10，再次执行程序后就可以看到这些程序语句和参数的作用了。这是学习 Scratch 编程的一个好方法。

## 8.1.2　设计大树的角色

现在给游戏中的小猫乖乖添加"一飞冲天"道路上的障碍：大树。步骤如下所述。

❶ 点击角色区右下方的 🐱 图标，如图 8-16 所示。

图 8-16　选择一个角色

此时将弹出角色库界面。如图 8-17 所示，在左上方的搜索框中输入"Tress"，点击"搜索"后单击该角色以添加到作品中。接着将此角色重命名

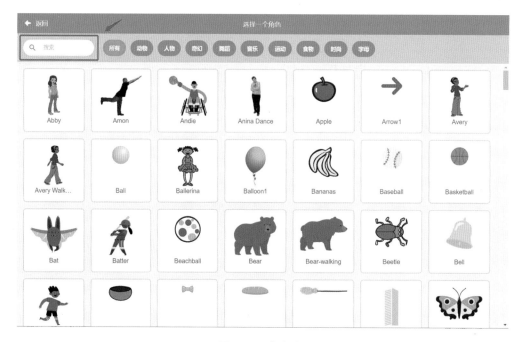

图 8-17　角色库

为"大树"，调整大小和位置，如图
8-18 所示。

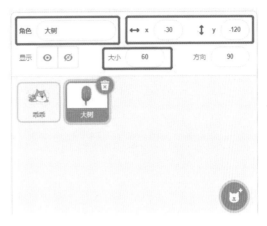

图 8-18 修改角色属性

❷ 刚刚设计的大树对乖乖还没
有产生影响，接下来我们要修改乖乖
的代码，让它一碰到舞台边缘或大树
就停下来。

首先，我们需要给小猫乖乖添加
四个指令块。点击角色列表中的乖乖
角色，然后在指令区"运算"中，找
到"或"指令块，把它添加到代码
中，如图 8-19 所示。

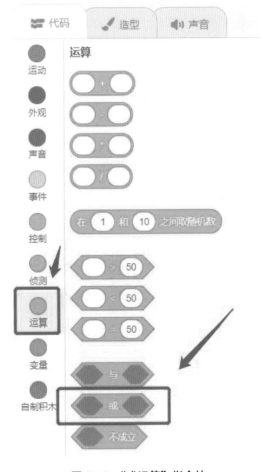

图 8-19 "或运算"指令块

如图8-20所示，点击"代码"标签，在"控制"中找到"重复执行直到……"指令块，添加到代码中。

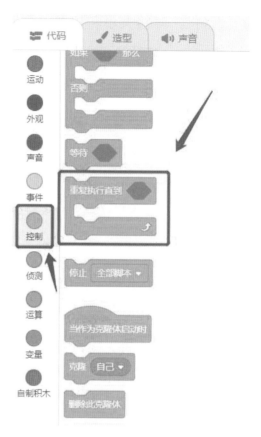

图8-20　"重复执行直到……"指令块

接着如图8-21所示，在"侦测"中找到"碰到……"指令块，添加到代码中。这个指令块需添加两个。

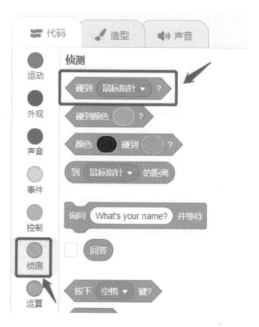

图8-21　"碰到……"指令块

添加两个"碰到……"指令块后在代码区点击"碰到……"指令块的下拉菜单，将两个"碰到……"指令块中的选择项分别改为"舞台边缘"和"大树"，如图 8-22 所示。

图 8-22 下拉菜单选择

接着要将添加的四个指令块按图 8-23 的方式拼接在一起。

图 8-23 四个指令块的拼接方式

最后，我们修改乖乖的代码为图 8-24 中的右侧代码。

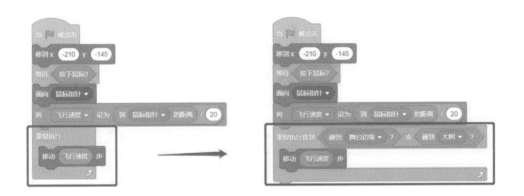

图 8-24 修改乖乖的代码

请理解该程序代码后运行代码并观察游戏的效果。

到目前为止，我们已经能够控制小猫乖乖以任意的角度、任意的速度在舞台区飞行，直到碰到舞台边缘或者大树！但是，是不是感觉少了点儿什么呢？

想象一下，如果我们向前抛出一块橡皮，观察它的运动轨迹，它是不是会以向下的曲线运动方式下落呢？没错，这就是物理学中由于地球的引力作用而产生的抛物线运动。同样的道理，乖乖的飞行轨迹就是缺少了向下的运动趋势。

接下来我们要在游戏中增加重力的影响，让它的运动更加逼真。

### 8.1.3 增加变量来记录数据

如图 8-25 所示，为所有角色建立两个新的变量，分别是"下落速度"和"重力"。

注意不要勾选两个变量前的小方框，这样两个变量就不会在舞台区上展示出来。用这两个变量来模拟重力的情形，"下落速度"表示在重力的作用下乖乖需要移动多少步，"重力"表示在乖乖每一次移动后"下落速度"应该增加多少。

如图 8-26 所示，将两个变量指令块添加到乖乖的代码中。其中，上面的"将重力设为 0"指令块要添加两个，下面的"将飞行速度增加 1"指令块添加一个。

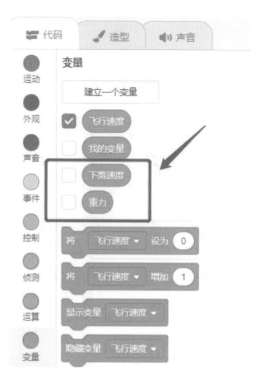

图 8-25　新建两个变量

图 8-26　两个变量

添加完毕后，把其中一个"将重力设为0"指令块中的数值改为"–0.3"，把另一个"将重力设为0"指令块的下拉菜单中的参数选择为"下落速度"。然后如图8-27所示，将两个指令块拼接在一起。

图8-27　两个"将……设为……"

指令块的参数设置

接下来再修改"将飞行速度增加1"指令块的参数。首先在它的下拉菜单中选择"下落速度"。接着如图8-28所示，将"变量"中"重力"指令块拖拽添加到乖乖的代码里，并将此指令块放进"将飞行速度增加1"指令块中的数值输入框中。最终如图8-29所示，调整后的指令块变为"将下落速度增加重力"。

图8-28　重力指令块

图8-29　将下落速度增加重力

接着，将刚刚完成的三个指令块按照图8-30所示的位置放入小猫乖乖的代码之中。

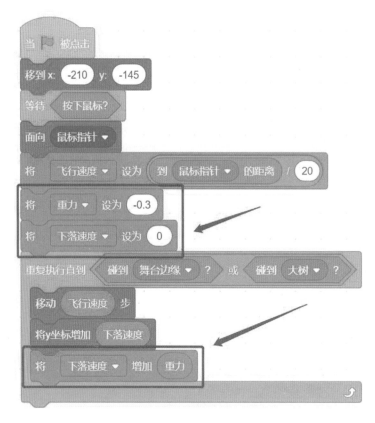

图 8-30　修改乖乖的代码

恭喜！到这里，我们已经成功模拟出了重力对游戏的作用，也完成了乖乖代码的编写。请运行代码，观察此时角色的运动状态。如果不能正常运行，请检查代码与图 8-30 是否一致。

## 8.1.4　通过克隆设计角色

还记得这个游戏的场景吗？我们需要帮助乖乖获得更多的糖果，所以接下来需要给游戏添加糖果这个角色。

在 Scratch 3.0 中该如何添加糖果的角色呢？我们前面设计的几个游戏中已经添加了很多角色了，添加糖果角色当然也可以用我们学过的方法，也就是在角色区添加角色。

但是用这种方式就需要一个一个地添加，是不是有些麻烦？我们可以采用一种新方法，即用克隆体的方法添加多个角色。

❶ 首先，点击 Scratch 3.0 界面右下方角色区中的 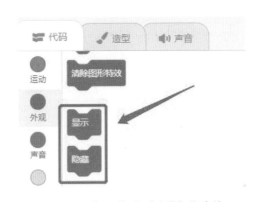 图标，在弹出的界面中点击"食物"，然后在其中找到"Heart Candy"角色，单击添加到游戏中。然后在"角色属性"中重命名为"糖果"，如图 8-31 所示。

图 8-31　重命名糖果

在开始动手编写克隆体的代码之前，必须先想清楚两个问题：一是需要几个克隆体，二是有了克隆体后需要它们完成什么样的效果。

在这个游戏中，我们设定给乖乖 4 个糖果的挑战任务，所以需要 4 个克隆体。我们希望每个糖果的大小和颜色均不相同，并且随机地出现在舞台的右侧区域。当乖乖以优雅的姿态从大树左侧飞过来时一旦碰到了这些糖果，它们就会立刻自动消失。上述过程就是糖果克隆体需要完成的全部效果。

我们捋清思路后，就可以开始动手编写代码啦！

先来完成第一个内容，克隆出 4 个糖果角色克隆体。在"外观"里找到"显示"和"隐藏"这两个指令块，如图 8-32 所示。将这两个指令块拖拽到代码区。

图 8-32　"显示"和"隐藏"指令块

接着在"控制"里找到"重复执行……次"指令块以及与克隆体相关的三个指令块，如图 8-33 和图 8-34 所示。同样将它们都添加到代码区。

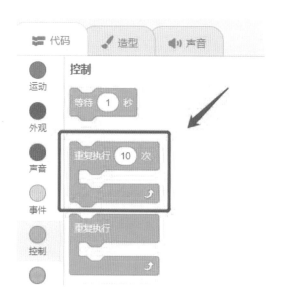

图 8-33 "重复执行……次"指令块

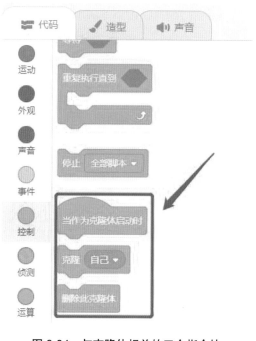

图 8-34 与克隆体相关的三个指令块

接下来，新建一个变量，命名为"糖果数目"，用它来记录舞台上的糖果数量，同时让它显示在舞台区。接着将"变量"中的"将飞行速度设为0"与"糖果数目"指令块添加至代码中。如图 8-35 所示。

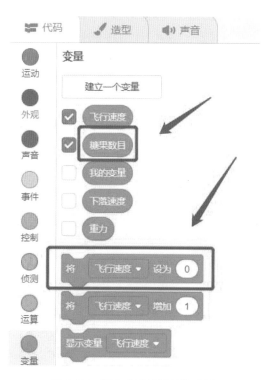

图 8-35 新建"糖果数目"变量

128

最后按照图 8-36 编写代码。选择下拉菜单中的"糖果数目"选项，并把数值输入框中的数字设为 4。这就完成了克隆体方法的第一部分内容，即复制克隆体。完成编写后，运行代码并观察效果，同时尝试用自己的语言来描述这段代码可以实现的功能！这样有助于完全理解这段代码的意思。

图 8-36　"克隆自己"代码

细心的你现在一定发现了，刚刚添加的"显示""当作为克隆体启动时"和"删除此克隆体"三个指令块还没有用到。别急，它们都会在后面的编程中使用到的。

接下来，我们一起来学习编写克隆体方法中第二部分内容的代码，即实现克隆体的功能。回想一下克隆体需要实现的功能：让它们以不同的大小和颜色，随机地出现在舞台的右侧区域。当乖乖以优雅的姿态从大树左侧飞来时一旦碰到了这些糖果，它们会立刻自动消失。

这一连串的内容是不是听着有些复杂呢？别慌，我们将复杂的任务分解为几个小任务，然后逐条地解决就容易得多了！

首先，想要完成"以不同的大小和颜色，随机出现在舞台的右侧区域"的功能，需要哪些指令块来实现呢？

我们分别在指令区的"代码"标签中找"运动"的"移到 x：……y：……"指令块，找"外观"的"将大小设为……"和"将……特效设定为……"指令块，找"运算"的"在……到……之间取随机数"指令块。

不要心急，逐个找到上述指令块后添加到代码区，之前没有用到的"显示"指令块，现在就要派上用场啦！

接着按照图 8-37 编写代码并设置其中的参数。运行代码，观察效果。

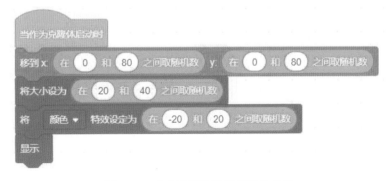

图 8-37　实现克隆体随机显示的代码

接着请思考，想要完成"当乖乖以优雅的姿态从大树左侧飞来时一旦碰到了这些糖果，它们会立刻自动消失"的功能，又需要哪些指令块来实现呢？

我们在指令区的"代码"标签中找"控制"的"等待……"，找"侦测"的"碰到……？"指令块，以及此前没有用到的"删除此克隆体"指令块。准备好所有指令块后，按照图 8-38 编写代码。

图 8-38　等待克隆体碰到乖乖的代码

接着将这一小串代码放入刚才完成的代码中，如图 8-39 所示。运行代码，观察此时的效果。

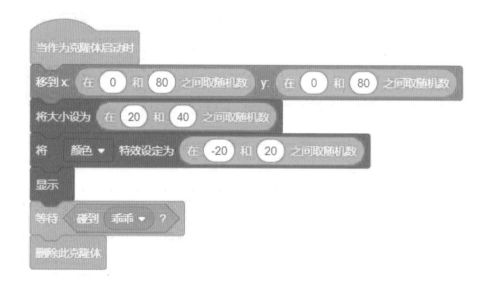

图 8-39　克隆体实现基础效果的代码

❷ 到这里我们已经基本完成了编写糖果克隆体的代码。接下来，我们再给克隆体增加一些效果：让舞台左上方的"糖果数目"显示出实时的数字，剩下多少糖果就显示多少，而且如果当所有的糖果都被乖乖吃到后就显示出"GAME OVER"的消息。

我们继续修改糖果角色的代码。先添加一个"变量"中的"将……增加……"指令块到代码区，在下拉菜单中选择"糖果数目"，数值输入框中输入"–1"。然后，添加一个"控制"的"如果……那么……"指令块和"运算"的"="指令块，以及一个"变量"的"糖果数目"指令块。

接着要给游戏添加一个"GAME OVER"的消息。在代码区"事件"中找到"广播……"指令块，单击下拉菜单并选择其中的"新消息"，如图 8-40 所示。

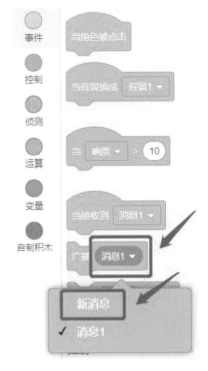

图 8-40　建立"新消息"指令块

此时会弹出"新消息"窗口。如图 8-41 所示，在"新消息的名称"中输入"GAME OVER"。然后单击"确定"，最后将"广播……"指令块拖拽添加到代码中。

图 8-41　"新消息"窗口

然后按照图 8-42 编写刚才准备的指令块。

图 8-42　克隆体添加功能代码

接着，将这一小串代码放入之前编写的糖果的代码中，如图 8-43 所示。

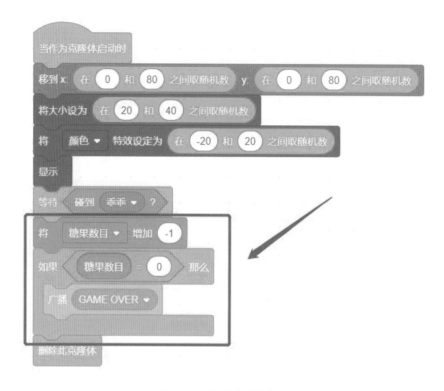

图 8-43　修改克隆体代码

完成后请运行代码并观察效果。我们可以发现此时舞台区的"糖果数目"中的数字已经能实时显示剩余的糖果数量了。但是，当糖果都被乖乖吃完时却没有显示消息。别急，在后面的学习过程中会增加这个效果。

在编程过程中请注意下面这个问题，这也是初学者经常遇到的，即发现程序执行结果并不是自己想象得那样但又不知为何：我们必须要清楚 Scratch 3.0 编程时代码是与角色相对应的。

例如在编写图 8-43 的代码之前一定要先选择糖果克隆体角色，这样才能保证图 8-43 的代码是属于糖果的。如果把这段代码放在了其他角色上，执行结果肯定就不是我们希望的了。

为了防止上述问题的出现，在阅读本书并输入程序时一定要按步骤进行，而且可以观察相应的图标题。例如图 8-43 的图标题是"修改克隆体代码"，就意味着这段代码是属于糖果克隆体的。

## 8.1.5　最后的完善

目前为止我们已经完成了游戏的大部分代码了。可是有没有发现，当我们每一次点击舞台区的小绿色旗子图标 ▶ 运行代码时，如果乖乖碰到大树或者屏幕边缘后游戏就无法进行了，也就是乖乖只能起跳一次。而我们设想的游戏是能多次控制乖乖，直到它获得所有的糖果才结束。

所以我们还需要进一步修改小猫乖乖的代码。请先自己试着修改乖乖的代码（要注意这段代码是角色乖乖的），然后看看你的想法是否与图8-44的代码一样。你是否能完全理解这段代码的意思呢？

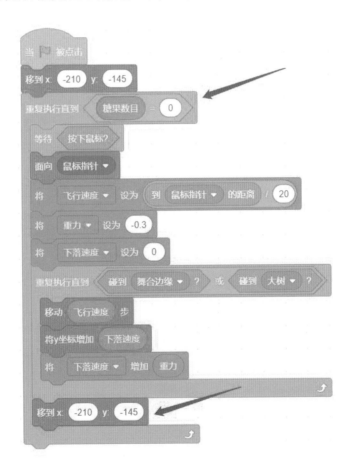

图8-44　修改后的乖乖的代码

❶ 按照图8-44修改代码，然后运行游戏并观察游戏效果。不难发现，此时已经能多次控制乖乖起跳，直到它得到了所有的糖果游戏才停止运行。

❷ 接下来我们要添加游戏结束时的消息界面，之前建立的"广播 GAME OVER"指令块就派上用场啦！

现在再理清一下思路，想明白要设计什么样的游戏场景：当乖乖吃到所有的糖果时，舞台区会弹出一个"GAME OVER"的信息，同时提醒玩家"你共完成了……次起跳！"

通过这种方式告诉玩家，为了帮助乖乖得到糖果，一共完成了几次起跳。当然，游戏的目标就是帮助乖乖以最少的起跳次数获得所有的糖果。接下来，我们就一起来编写这段代码吧！

如图 8-45 所示，点击角色区的 ✏ 图标，绘制新的角色，重命名为"游戏结束"。

如图 8-46 所示，在弹出的造型区域中，首先点击左下方的"转换为矢量图"，点击后会变为"转换为位图"。接着点击左侧的 **T** 图标，在上方的字体下拉菜单中选择"中文"。

图 8-45　绘制角色

图 8-46　造型界面

完成上述工作后就可以在造型区域添加文字了，输入"你共完成了
次起跳！"请注意在文字"了"和"次"之间要留出 3 个字以上的空格以方便后面添加内容。然后再选择下拉菜单中的"Handwriting"字体，以这种字体输入"GAME OVER"。

接着点击图 8-47 左侧的 ○ 图标，画一个椭圆形，点击"放到最后面"，将椭圆形图案放到图层的最后面。然后调整图案和文字的颜色和位置，使其在舞台区的合适位置，如图 8-47 所示。

**图 8-47 "游戏结束"角色造型**

现在，为所有角色新建一个变量"起跳次数"，用来记录起跳的次数并显示在舞台上。在舞台区的"起跳次数"位置用鼠标右键点击此变量，在弹出的选项中设定为"大字显示"，如图 8-48 所示。

这样操作后，它只会显示变量的值而不会显示变量的名字，如图 8-49所示。

图 8-48　设置变量的显示效果

图 8-49　显示效果展示

完成设置后，在舞台区用鼠标将此变量拖拽到图 8-50 中所示的位置。

图 8-50　"起跳次数"变量的位置

❸ 接下来就要给"游戏结束"这个角色编写代码了，按照图 8-51 所示为"游戏结束"角色编写两段代码。

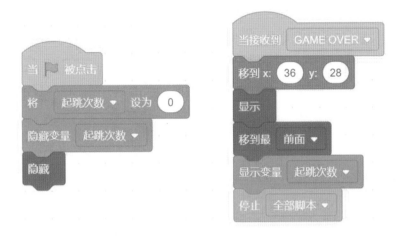

图 8-51 "游戏结束"代码

然后按照图 8-52 所示为小猫乖乖再新增一段代码。

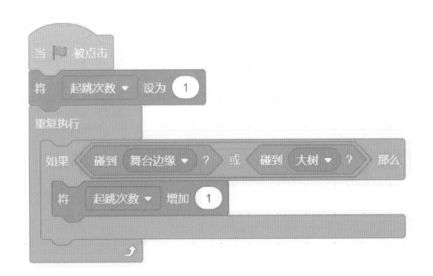

图 8-52 为乖乖增加代码

完成这三段代码后，运行游戏并观察游戏效果。最重要的是一定要理解这几段代码的意思，明白设置的每一个参数的原因和道理，千万不要忽视任何一个细节！

❹ 接下来我们给游戏添加一个背景，还记得添加背景的方法吗？

点击图 8-53 右下方的 🖼 图标，在弹出的背景库"户外"中找到并单击"Blue Sky"图片。

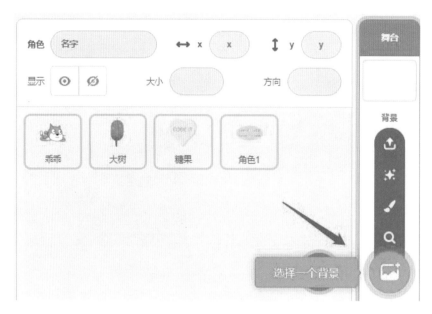

图 8-53　选择一个背景

添加完背景图的效果如图 8-54 所示。当然，我们也可以添加自己喜欢的其他图片作为背景。现在运行游戏，看看视觉效果是不是令人满意呢？

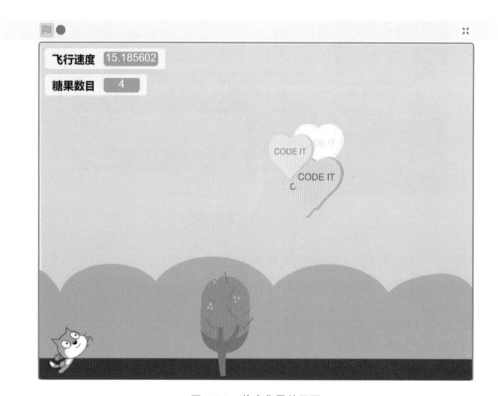

图 8-54　游戏背景效果图

## 8.2 游戏的改进

游戏的改进是为了增加游戏的可玩度与参与感，下面介绍改进步骤。

❶ 为了让游戏更有趣，现在要给这个作品添加声音效果。

首先，我们可以给游戏添加一个背景音乐，其次给乖乖在起跳的时刻和吃到糖果的时刻添加不同的声音。

我们先添加背景音乐。点击"舞台"，然后点击指令区的"声音"标签，接着点击左下方的小喇叭图标 🔊，在其中找到并单击"Xylo1"，将它添加到游戏中。

接着，我们为背景编写播放"Xylo1"声音的代码。单击"代码"标签，按照图8-55编写代码。

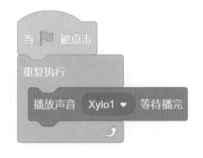

图8-55　播放背景音乐的代码

然后给乖乖添加声音效果。点击角色区的乖乖角色，按照同样的方式在声音库中找到并单击声音"B Bass"，将它添加至游戏中。然后按照图8-56编写播放乖乖起跳的"B Bass"声音的代码。同时请思考，为什么要在其中加上一个"等待1秒"的指令块？它有何作用呢？可以暂时去掉这个指令块后体验一下程序运行的效果，就会明白了。

图8-56　给乖乖添加起跳声音效果

下面再为乖乖添加吃到糖果时播放的 pop 声音。需要注意的是，这段代码我们是添加在了糖果角色中，所以需要单击角色区的糖果角色（这一点非常重要），然后在声音库中添加"pop"声音。最后，在图 8-57 所示的位置添加一个"播放声音 pop"的指令块。

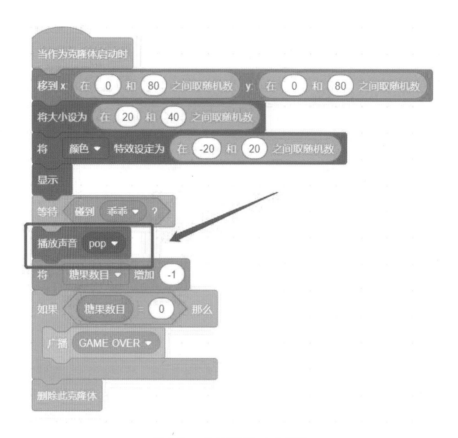

图 8-57　为糖果添加声音效果

添加完所有的音效后，继续运行游戏并观察效果。结合游戏的运行效果，看看自己是否能够理解所有代码的意思呢？我们还能为这个游戏添加什么新的角色和新的功能吗？

❷ 有没有感觉到这个游戏对于聪明的你来讲有些太简单啦？现在我们尝试增加游戏的难度。比如，我们可以增加游戏中糖果的数量，也可以增加糖果之间的距离，让它们的位置更刁钻，还可以缩小糖果的大小。

我们知道完成这三项内容只需要更改一些参数，而无需添加或删除指令块。思考一下，该修改哪些指令块的参数呢？

答案如图 8-58 和图 8-59 所示，看看是否和你的想法一致？现在就挑战一下吧！

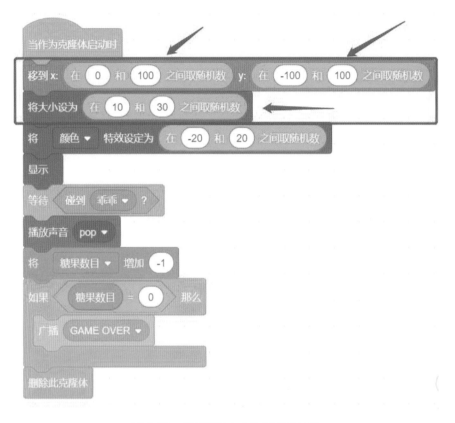

图 8-58　修改糖果大小和出现的位置

图 8-59　增加糖果数目

完成自己编写的游戏后，不要忘记保存自己的作品并分享哦！

现在这本书的内容就全部介绍完了。当我们合上这本书的时候请回想一下，我们学到了什么知识，掌握了什么编程本领，有了什么新的灵感。如果你和朋友们已经在构思一个新的游戏故事了，那么就请立即踏上开发新游戏的征程吧！